高等职业教育"互联网+"新形态一体化教材

产品设计三维表达

主　编　韦文波　章　宇
副主编　诸葛耀泉　唐植刚　胥程飞
参　编　唐松亭　陈　龙　汤维龙　武新宇　涂培佳

机械工业出版社
CHINA MACHINE PRESS

本书全面系统地讲解了 Rhino 常用建模工具、建模技巧和产品级三维形态表现方法，包括常用建模工具归类与深度解析，常用建模技巧提炼与归纳，曲面产品建模思路与形态制作技巧、贝塞尔分面思维与拼接技巧等，精选典型产品案例深度解析产品级设计建模技能的核心价值，提高学生对产品级三维形态的表达与功能细节的处理能力。

本书可作为高等职业院校工业设计专业、艺术设计专业教材，也可作为相关从业人员的参考用书。

为适应信息化时代教学，本书重点讲解案例配有二维码，通过移动终端扫描二维码即可进行学习。凡使用本书作为授课教材的教师可登录机械工业出版社教育服务网（www.cmpedu.com）注册后免费下载相关课件。咨询电话：010-88379375。本书配有 QQ 讨论群（群号：474909051），方便师生答疑。

图书在版编目（CIP）数据

产品设计三维表达：Rhino7.0 & Solidthinking/韦文波，章宇主编. —北京：机械工业出版社，2022.11（2024.1 重印）
高等职业教育"互联网+"新形态一体化教材
ISBN 978-7-111-71494-1

Ⅰ.①产⋯ Ⅱ.①韦⋯ ②章⋯ Ⅲ.①产品设计-计算机辅助设计-应用软件-高等职业教育-教材 Ⅳ.①TB472-39

中国版本图书馆 CIP 数据核字（2022）第 156492 号

机械工业出版社（北京市百万庄大街 22 号 邮政编码 100037）
策划编辑：刘良超   责任编辑：刘良超
责任校对：梁 静 李 婷 封面设计：马若濛
责任印制：李 昂
北京捷迅佳彩印刷有限公司印刷
2024 年 1 月第 1 版第 2 次印刷
184mm×260mm·13.5 印张·329 千字
标准书号：ISBN 978-7-111-71494-1
定价：69.80 元

电话服务   网络服务
客服电话：010-88361066 机 工 官 网：www.cmpbook.com
        010-88379833 机 工 官 博：weibo.com/cmp1952
        010-68326294 金 书 网：www.golden-book.com
封底无防伪标均为盗版 机工教育服务网：www.cmpedu.com

前言

　　本书以现行《工业设计专业教学标准》为依据，由全国机械职业教育教学指导委员会工业设计类专业委员会统一组织编写，从解决项目问题出发，着力培养学生的技术能力、创新能力和实践能力，汇集了众多编者的实践经验。

　　本书针对零基础学生，全面系统地讲解了 Rhino 常用建模工具、建模技巧和产品级三维形态表现方法，包括常用建模工具归类与深度解析，常用建模技巧提炼与归总，曲面产品建模思路与形态制作技巧、贝塞尔分面思维与拼接技巧等，精选典型产品案例深度解析产品级设计建模技能教学的核心价值，提高学生对产品级三维形态的表达与功能细节的处理能力。同时本书还引入了优秀三维设计软件 Solidthinking（因产品体系架构调整，现已更名为 Altair Inspire），该软件用于设计前期，具备几何建模、运动仿真、制造工艺仿真、结构仿真和优化等功能，支持传统工艺及增材制造工艺的产品设计优化，与 Rhino 等造型软件配合使用，能够缩短产品开发周期，提升设计质量。

　　本书注重系统性、全面性和实用性，紧密联系产品设计课程造型需求，选择产品设计典型案例进行建模讲解，一方面注重建模思路和理念引导，培养学生系统和整体的建模习惯，另一方面强化产品细节建模处理和分析，解决学生在专业学习中对产品设计细节把握不足的问题。同时，本书还设置了"Tips"环节，总结建模技巧，针对学生学习过程中的常见问题进行原因分析并给出切实有效的建议，帮助学生快速将软件应用于实际设计项目。

　　本书采用四色印刷，辅以大量信息化教学资源，将教学视频以二维码形式列于书中相关知识点处，学生通过手机扫码即可观看、学习，还配有精美电子课件和大量图片素材，真正实现"便于教，易于学"的目的。

　　本书由苏州工艺美术职业技术学院韦文波、章宇担任主编，浙江机电职业技术学院诸葛耀泉、武汉职业技术学院唐植刚、四川交通职业技术学院胥程飞担任副主编，烟台嘉鸿精密机械科技有限公司唐松亭、常州机电职业技术学院陈龙、南宁职业技术学院汤维龙、四川交通职业技术学院武新宇、泉州工艺美术职业学院涂培佳参与编写。

　　本书受苏州工艺美术职业技术学院新形态一体化教材建设项目资助。工业设计专业指导委员会秘书长虞建中审阅了本书并提出了宝贵意见，在此表示衷心感谢！

　　由于编者水平有限，书中错漏和不当之处在所难免，恳请读者批评指正。

编　者

二维码索引

目录

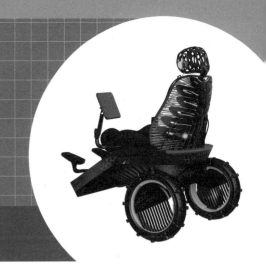

软件，真的只是软件吗——工业设计学习中的三维软件那些事儿

在本书的一开始，想给大家来谈谈关于软件学习的问题。本书的编者都具有非常丰富的实践经验，也在学生时代经历过关于软件学习的迷茫，作为过来人，想和大家从如下几个方面一起来聊聊工业设计学习中的三维软件那些事儿。

1. 三维软件重要吗？

在工业设计中，三维软件重要吗？答案当然是肯定的。在学习三维软件前，大部分同学都已经学习过设计流程、设计手绘等一些基本内容，也对三维软件在设计过程中所处的位置有所了解。许多同学都会形成一套自己的工作流程，有的会仔细推敲二维草图后再进行建模渲染，有的则是大致勾画后就直接进行建模，以三维软件来进行细节的推敲。当然，无论哪种方法，都离不开三维软件的使用，而软件的使用熟练度将直接影响工作进度的快慢。

2. 为什么书本中涉及两个三维软件？

首先需要明确，这两个软件并不冲突。由于不同学校的课程设置不尽相同，选用的三维软件也不一样，但是很多软件都与工程结构稍有脱节，一般工科类院校会讲授工程软件如Cero、SolidWorks等，本书以 Altair Inspire 为工具进行工程力学优化的介绍，以拓宽大家的知识面。另外，无论是学生还是设计师，都应该把工作重点放在产品质量上，在此基础上提高建模效率。Altair Inspire 比较容易入门，与 Rhino 对接也较为方便，讲授 Altair Inspire 是希望能让大家了解工程软件对于设计方案的优化作用。

3. 学完这本书，我就是大神了？

首先要知道，工业设计中的任何技能学习都不是一蹴而就的，手绘、三维软件、设计思维都需要不停地练习以增加熟练度。但是光练习还是不够的，在学习中，我们经常会碰到这种情况，跟着老师一起做的设计完成度非常好，但自己单独设计的时候就一头雾水，完全找不到方向。大家一定要明白，软件的学习不是照本宣科，我们非常欢迎大家在学习过程中提出质疑，老师这么操作对不对？有没有更简单的方法？我同样的操作却没有出现一样的反馈，错误在哪里？懂得提问题对软件学习有非常重要的作用。其次，三维建模更多是学习一种建模思路，而不是建模命令。许多同学甚至在上完整个三维软件课程后，都不能快速归纳出建模的思路。所以本书在每章节开始前都会告知大家重点难点在哪里，并建立了答疑群，大家可以在群里一起讨论，共同进步。最后，山外有山，人外有人。即使是从业多年的工业设计师也需要不停地学习，以便不断进步。

第 1 章

认识Rhino

》【学习目标】

1）了解软件特点。
2）掌握软件操作方法。
3）初步了解建模思路。
4）熟悉常用建模工具。

》【学习重点】

1）点、线、面的关系。
2）三维空间认知。
3）建模基本步骤。

Rhino 软件英文全名为 Rhinoceros，中文名称为"犀牛"，于 1998 年 8 月上市，是美国 Robert McNeel & Assoc 公司开发的专业 3D 造型软件。相对其他软件，Rhino 对计算机的操作系统没有特殊要求，对硬件配置要求也不高，在操作上更是易学易懂。Rhino 的核心是 NURBS 曲面建模，核心与交通工具专业造型软件 Alias 一致。Rhino 诞生的原因是 Alias 研发人员认为 Alias 过于庞大，因此单独开发了一款只有建模功能的软件。NURBS 曲面建模与 3dMax、Maya 等软件的建模方式截然不同，Rhino 对建模数据的控制精度非常高，因此能通过 3D 打印机及数控设备打印加工出来。

1.1　Rhino 操作界面介绍

可以从 Rhino7.0 的操作界面开始学习如何制作 3D 模型。

Rhino 入门首先在于对工具的理解应用。Rhino 核心工具可以分为 6 个部分，即界面布局部分（图 1-1）、核心建模工具部分（图 1-2）、变动工具部分（图 1-3）、分析工具部分（图 1-4）、图纸工具部分（图 1-5）和渲染工具部分（图 1-6）。

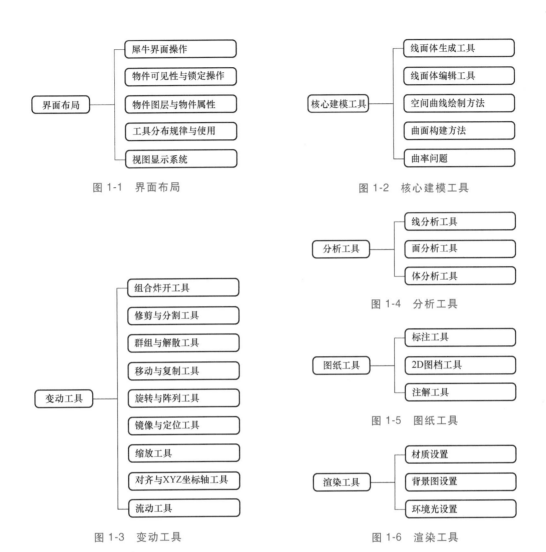

图 1-1　界面布局

图 1-2　核心建模工具

图 1-4　分析工具

图 1-3　变动工具

图 1-5　图纸工具

图 1-6　渲染工具

Rhino7.0 的主界面由菜单栏、工具栏、工具箱、视图区、命令行和状态栏等几部分组成（图 1-7）。核心建模工具部分是 Rhino 软件最重要的部分，建模工具多数位于软件界面左侧两条竖向的工具箱中。变动工具是对建模物件进行缩小放大、移动复制、旋转阵列等操作的工具。Rhino 建模物件有其自身物理属性，需要用分析工具才可以透过表面了解其本质属性。图纸工具的作用在于可以快速建立 2D 视图图档并进行图样标注。Rhino7.0 渲染工具相较于之前的版本有很大变化，可以快速进行实时渲染，可以在用 KeyShot 等外挂渲染器渲染前进行模型质量的直观检测。

软件操作界面最上方为菜单栏（图 1-8）。

菜单栏包含了 Rhino7.0 中的各种命令。主菜单上共有 14 个菜单项，菜单项中包含了所有工具的文字命令。一般经常使用的文字命令是"文件"菜单。在文件菜单中，初学者应尽量使用递增保存来保存建模源文件，养成递增保存习惯可以避免在建模过程中不小心将前面的文件覆盖保存掉。

菜单栏下面有两行（默认界面状态下）空白栏为命令行（图 1-9）。

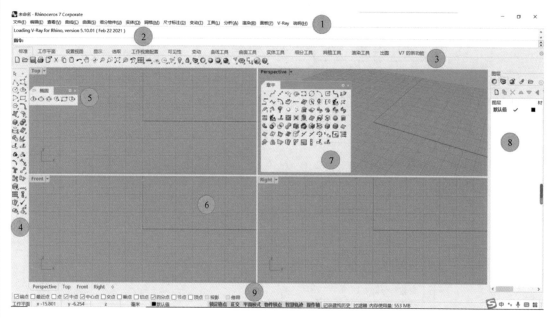

图 1-7　Rhino 操作界面

文件(F)　编辑(E)　查看(V)　曲线(C)　曲面(S)　实体(O)　网格(M)　尺寸标注(D)　变动(T)　工具(L)　分析(A)　渲染(R)　面板(P)　说明(H)

图 1-8　菜单栏

命令行上半部分可以显示使用者的历史操作步骤。鼠标单击上半部分命令行后，按【F2】键可以调出历史记录框，查看建模历史过程。命令行下半部分为提示命令行，用于显示命令提示，输入命令或快捷键后按【Enter】键或单击鼠标右键便会执行相应的命令。例如需要绘制一个圆形时，在激活画圆工具后，命令行会提

图 1-9　命令行

示下一步需要确定圆心，在建模视窗中单击鼠标左键确定圆心位置之后，命令行会提示下一步需要确定圆的半径，可以直接在命令行中输入半径数值来确定圆的大小。如果需要使用圆的直径参数来建模，可以在命令行中选择直径选型进行绘制。详细使用方法本书将在建模实例中说明。

TIPS：要执行一个命令，在命令行中输入该命令的字母简称然后按【Enter】键即可，如执行 Revolve（旋转）命令，只需在命令行中输入 rev 并按【Enter】键。如果要重复执行命令，只需再次按【Enter】键，或在视图中单击鼠标右键即可。命令行会记录前几次使用的命令，在命令行上单击鼠标右键会弹出快捷菜单，从中可以快速查看并选择最近使用过的命令。

图 1-10 所示为 Rhino7.0 默认开启状态的工具栏，在工具栏中包含了一些常用命令的图形快捷按钮。工具栏上的快捷按钮由左至右分别介绍如下。

1）□ 新建文件。单击该按钮后弹出新建文件选项，一般选择"大模型-毫米"模板进行建模（图 1-11）。

产品设计三维表达

图 1-10　工具栏

图 1-11　新建文件选项

Rhino 允许用户自定义编辑模板。单击新建文件 ▯ ，在新建文件中设置各个建模参数，调整视图显示模式后，再另存为模板（图 1-12）即可完成自定义模板设置。后续建模可以在新建文件时直接打开这个自定义模板（图 1-13）。

2）▭ 打开一个文件。打开已经建好的 Rhino 模型，或者单击右下角查看支持的文件类型，选择需要的 3D 图档进行不同类型的三维软件模型导入。常用的图档格式有工程软件输出的图档 . stp 格式、二维矢量软件 Adobe Illustrate 输出的线稿 . ai 格式、制图软件 AutoCAD 输出的工程图 . dwg 格式、3D 打印切片软件格式 . stl（需要注意的是 . stl 格式不是 NURBS 曲面格式，而是网格格式，导入需慎重），如图 1-14 所示。

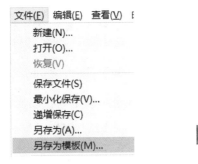

图 1-12　另存为模板

图 1-13　选择自定义模板

PDF (*.pdf)
PLY (*.ply)
Points (*.asc; *.csv; *.txt; *.xyz; *.cgo_
Raw Triangles (*.raw)
Recon M (*.m)
Scalable Vector Graphics (*.svg)
SketchUp (*.skp)
SLC (*.slc)
SolidWorks (*.sldprt; *.sldasm)
STEP (*.stp; *.step)
STL (Stereolithography) (*.stl)

图 1-14　打开文件选项

3）▭ 保存。对模型进行递增保存、另存为等保存操作，方便文档存储管理。

4）▭ 打印。可以利用打印命令进行工程图输出。

5）▭ 复制物体，▭ 粘贴物体。

6) 撤销上一个命令。对应可使用【Ctrl+Z】快捷键进行撤销命令操作，右键命令为重做。

7) 分别为移动视图、旋转视图、缩放视图、缩放选择区域、最大化显示可见物体、最大化显示选择物体。

8) 撤销上一次视图调整。快捷图标右下方的三角标志表示还有扩展工具（图1-15），右键单击快捷图标或左键单击三角标志，即可弹出扩展工具。例如单击 三角标志后弹出"视图"工具列（图1-16），其中图标 的功能是让构建模型在显示屏上以1∶1比例显示，这对于把握设计方案的三维比例是非常有帮助的。

在 Rhino 操作界面最下方有对应捕捉点工具列的快捷物件锁点工具栏（图1-17），捕捉点在建模时可帮助使用者捕捉建模物件的端点、中点、中心点等，提升建模准确率和精确度。

图 1-15　扩展三角标志

图 1-16　扩展工具列

图 1-17　快捷物件锁点工具栏

9) 选择物体。非常实用的一组工具，可以通过该组工具快速选择点、线、面、体等相同属性的物体。

10) 隐藏物体/锁定物体。这两组工具能帮助我们在视图中进行模型的建模和检查。

11) 分别为图层管理、编辑物体属性、渲染视图、渲染、建立灯光。

12) Rhino 参数设置。

13) 建立尺寸标注。

14) Grasshopper 参数化建模、帮助。

TIPS：将鼠标放到工具栏上方，当光标变为十字时，就可以任意拖动工具栏改变其位置。需要注意的是，有些快捷按钮使用鼠标左键和右键单击后的命令是不同的，将光标放到快捷按钮上方稍作停留，就会出现快捷按钮的名称和一个标志，如图1-18所示。上面的标志表示单击鼠标左键为画一个点，单击鼠标右键为画多个点。

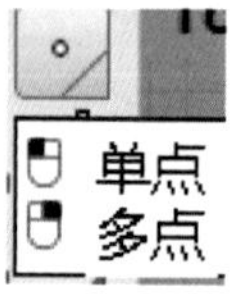

图 1-18　左右键命令提示

Rhino 界面左侧有一个工具箱（图1-19），工具箱和工具栏一样，里面是一些常用工具，右下方带有三角标志的表示还有扩展工具。

Rhino 的工具箱分布非常有特点，从上到下严格按照 Rhino 建模步骤进行排列。

1) 线绘制及线编辑工具区域。

2) 曲面绘制及曲面编辑工具区域。

3) 实体绘制及实体编辑工具区域。

4) 物体构建曲线及网格工具区域。

5) 曲面组合及炸开工具区域。

6) 物体分割及修剪工具区域。

7) 物体群组及解组工具区域。

8) 物体控制点及结构线编辑工具区域。

图 1-19　工具箱

9) 物体变动工具区域。

视图区是模型建模及显示模型的窗口，拖动视图区的边界可以改变窗口的大小。在 Rhino 中可以打开多个窗口，方法是激活一个视图后，使用鼠标右键单击工具栏上的 ⊞ 按钮，单击其中的 ⊞ 工具，这样窗口被分为两个，然后右键单击视图上的标题栏，在弹出的快捷菜单中选择设置视图即可切换为不同视图（图 1-20）。

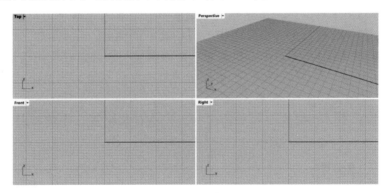

图 1-20　模型建模及显示模型的窗口

视图区默认为四个视图窗口，如图 1-20 所示，左上角 Top 视图角标 **Top ▾** 为蓝色，其他三个视图角标 **Front ▾**、**Perspective ▾**、**Right ▾** 为灰色，这说明 Top 视图处于激活操作状态。

视图操作时，单击鼠标左键为选择物体。在 Top、Front、Right 三个视图中，上下滚动鼠标滚轮为缩放视图，按住鼠标右键不放可以拖曳平移视图。在 Perspective 视图中，上下滚动鼠标滚轮是缩放视图，按住鼠标右键不放是旋转视图，按住【Shift】+鼠标右键为拖曳平移视图。

TiPS:

1）建模时尽量减少在 Perspective 视图中进行建模操作，以免出现建模错误。在视图的标题栏上单击鼠标右键可以弹出快捷菜单，来选择视图显示模式。

2）鼠标左键选择技巧：按住鼠标左键往左上或左下拖出一个虚线框，框中的对象都能选取（不用完全在框内）（图1-21）；按住鼠标左键往右上或右下拖出一个实线框，完全在框内的对象即被选取（图1-22）。

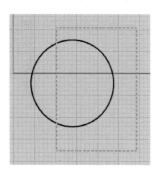
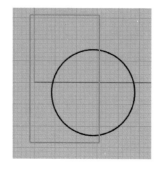

图 1-21　虚线框，框中的都能选取（不用完全在框内）　　图 1-22　实线框，完全在框内的被选取

软件界面最下方是状态栏（图1-23）。

| 工作平面 | x 4.711 | y -15.259 | z | 毫米 |

图 1-23　状态栏

状态栏中的预设值（图1-24）是 Rhino 的图层系统，与 Photoshop 中的图层概念类似，在不同图层创建对象既可以进行单独修改和观察，也可以当作整个图形的组成部分进行修改和观察。在黑色方框上单击鼠标左键即可切换不同图层，在方框上单击鼠标右键会弹出图层编辑窗口，在这个窗口中可以新建、删除图层，也可以更改图层的名称和颜色。在图层系统后还有多个模型帮助按钮，在按钮上单击鼠标左键，按钮由灰色变为黑色表示功能激活。

在状态栏中除了显示物体的状态和坐标外，还有几个很有用的工具，如物件锁点（图1-25）。

图 1-24　图层系统　　　　　　　　　　图 1-25　物件锁点

1）端点 End：将光标移到曲线尾端。

2）最近点 Near：将光标移到离曲线最近的地方。

3）点 Point：将光标移到控制点。

4）中点 Mid：将光标移到曲线段中点。

5）中心点 Cen：将光标移到曲线中心，如圆心、弧心等。

6）交点 Int：将光标移到两个线段交点。

7）垂点 Perp：将光标移到曲线上与上一选取点垂直的点处。

8）切点 Tan：将光标移到曲线上与上一选取点正切的点处。

9）四分点 Quad：曲线上与上一圆或圆弧的四分点处。

10）节点 Kont：捕捉节点。

11）投影 Project：将物体锁点 Object Snaps 找到的点投射到构造平面上。

12）停用 Disable：关闭以上选项。

TIPS：智慧轨迹类似于二维矢量软件中的动态辅助线。记录建构历史可以模拟 Creo 等工程软件进行参数建模。

1.2　建　模　思　路

在学习建模的时候，最重要的是思考案例中的建模思路。很多 Rhino 用户，特别是初学者，拿到建模设计方案后，直接打开 Rhino 建模界面就开始建模，反而事倍功半。

建模需要有一个清晰的思路：

（1）建模前分析　在产品设计课程中，完成设计方案（草图）后，应该先去仔细观察草图，了解所要建模产品的形态结构，分析它由哪些块、面组成。如果所建物体是复杂的组合体，应该考虑怎样去拆开分析这个组合体，在没有完全理解物体的情况下不宜草率下手建模。

（2）对建模的物体进行画线　在完成建模分析后，接下来对要建模的物体进行画线。这时还要分析哪些线要直接绘制，哪些由物件生成。因为 Rhino 中绘制的线属于空间曲线，因此，画线应该注意线条的走向与所处位置，因为每一根线都会影响后续模型质量，所以说画线是一个严谨加耐心的过程，只有把线画好，才能更好地表现设计意图，产品才会更美观。

（3）组合成主体形态　线画完毕后，就要开始制作模型的主体形态，即根据线来做产品的面、体，将它们组合成主体形态。如果是综合性的模型，线、面一定要分好图层，清晰的分层（相同物件材质或一个单一零件可以作一个图层）对建模非常有帮助。在这个阶段，不要急于进行倒角处理或打孔这样的后期工作，以免修改时带来不便。

（4）修正细节，完善处理　完成倒角、打孔等操作　在整个建模过程中，不同步骤有不同的技巧点，需要多练习，在解决问题的同时积累经验。

TIPS：方案草图画完后，可以利用超轻黏土或者模型用发泡材料快速制作一个草模，在草模上用黑色细胶带贴出主要结构线，按照草模绘制三视图，三视图导入 Rhino 建模，这样会极大加快建模速度。

【训练】建模思路入门养成及建模分析思路训练——大面构建思路

产品形体是通过面和体块切割出来的，这种构建方式称为大面构建，这是建模当中最简单的方法。

平面切出来的面是平面（图1-26），单曲面切出来面的是单曲面（图1-27），双曲面互相切割（图1-28）。

图 1-26　平面互相切割

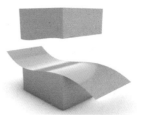

图 1-27　单曲面切割

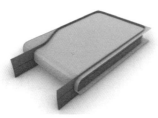

图 1-28　双曲面互相切割

课后建模思路练习：日常生活中有很多产品的模型都可以用上述方法建模，需要仔细观察产品形体，弄清面与面之间的关系。建模方法很多，希望读者不要一拿到模型就直接构建曲面，建模之前一定要认真思考模型，找出模型主要构建线，用简单的方法去完成高质量模型。在建模的过程中也要顾及后期细节的处理。读者可以尝试着在 A4 纸上，用手绘的方式绘制以下产品（图1-29～图1-40）的形体大面和主要结构线。

图 1-29　矩形形态

图 1-30　矩形+单曲面

图 1-31　双曲面（1）

图 1-32　双曲面（2）

图 1-33　平面

图 1-34　曲面

图 1-35　平面+单曲面（1）

图 1-36　平面+单曲面（2）

图 1-37　双曲面（3）

图 1-38　平面+单曲面（3）

图 1-39　平面+单曲面（4）

图 1-40　双曲面（4）

1.3　自定义工具列

　　软件中包含上百种建模命令、四个操作视窗，这通常会给初学者造成一定的困扰。通常情况下，初学者面临三个问题：一是工具找不到；二是不知如何下手进行建模，也就是不知如何对设计草图进行拆面；三是缺少对建模流程的正确认识。在此主要解决第一个问题。

　　Rhino 允许使用者自定义工具列，可以将常用工具自定义为一个工具列，然后将鼠标中键命令设置为该自定义工具列，建模时可以利用鼠标中键快速调出相关工具，加快建模速度，减少寻找工具的时间。

　　TIPS：工具列消失的解决方法。

　　Rhino 从初始版本到 7.0 版本都存在一个小问题——工具列有时会消失不见。

　　解决办法是通过工具列还原默认值解决（图 1-41）。

> 工具列　　　　　　　　　　　　　　　　　还原默认值

图 1-41　工具列还原默认值

　　单击"选项"🔧，打开 Rhino 选项设置（图 1-42），单击"工具列"→"文件"→"打开文件"，找到默认工具列配置文件 default.rui 并打开，找到"主要 1"和"主要 2"两个选项（图 1-43）并将其勾选，即可打开两个工具列，依次将其移动到软件界面最左侧，工具列会自动吸附在界面左侧。

图 1-42 Rhino 选项设置　　　　图 1-43 工具列"主要 1"和"主要 2"配置

工具列消失的另一个原因是 default. rui 文件丢失，需要从其他安装有 Rhino 软件的计算机中找到并复制 default. rui 文件，然后粘贴回自己计算机相应路径中。文件默认地址一般为 C:\Users\＊＊＊\AppData\Roaming\McNeel\Rhinoceros\7.0\UI\default. rui，其中＊＊＊表示计算机管理员名称。

1.3.1　自定义工具列步骤

单击"选项" ，打开 Rhino 选项设置（图 1-44），单击"工具列"→"编辑"（图 1-45）。

图 1-44　选项设置

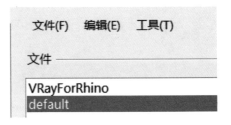

图 1-45　编辑

在弹出的下拉菜单中选择"新增工具列"（图 1-46），弹出对话框后可在"标签"→"文字"一栏中自定义工具列的名称（图 1-47），在此将其命名为"工具列 00"，单击"确定"按钮。

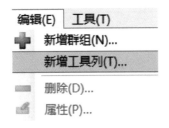

图 1-46　新增工具列

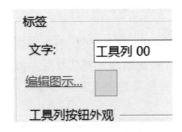

图 1-47　工具列命名

在图 1-48 所示选项框中找到上一步新增的"工具列 00"并将其勾选，单击"确定"，显示出新增空白工具列 00（图 1-49）。

选择需要添加至工具列 00 的命令，在图标上按【Ctrl】+鼠标左键，出现"复制连结"提示之后，用鼠标左键将其拖至工具列 00 上，释放鼠标左键，图形变为 即完成工具添加。如果需要从自定义工具列移除命令，按【Shift】+鼠标左键，将其拖至工具列外部，

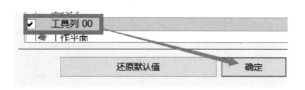

图 1-48　新增工具列　　　　　　　　　　　　　图 1-49　空白工具列

即可移除命令。

图 1-50 所示为推荐初学者自定义的工具列常用命令。

图 1-50　自定义工具列常用命令参考

1.3.2　鼠标中键命令调用

完成自定义工具列后，可以将此工具列设置为鼠标中键命令，单击选项 ，单击鼠标选项（图 1-51），在右侧选项栏中选择"鼠标中键"→"弹出此工具列"（图 1-52），在列表中单击"default. 工具列 00"即可。

图 1-51　鼠标选项　　　　　　　　　　　　　　图 1-52　鼠标中键设置

1.4　网　格　设　置

使用 Rhino 建模时，有时会发现在透视图/着色模式下，物体边缘呈锯齿状，光影也不尽理想。这时就需要在 Rhino 选项中进行曲面显示质量参数设置以及显卡设置。

单击选项 ，打开 Rhino 选项设置，单击视图→OpenGL（图 1-53），将反锯齿设置为"4x"（图 1-54），如果计算机配有专业显卡可以勾选"GPU 细分"。

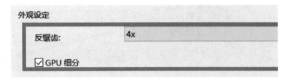

图 1-53　视图　　　　　　　　　　　　　　　　图 1-54　反锯齿设置

单击"选项" 打开 Rhino 选项设置，单击 "网格"→"自定义"（图 1-55）。单击详细设置（图 1-56），推荐密度设置为 "0.95"，最大角度设置为 "10"，最大长宽比设置为 "0"，最小边缘长度设置为 "0.01"，最大边缘长度设置为 "0"，边缘至曲面的最大距离设置为 "0.01"，起始四角网格面的最小数目设置为 "0"，同时勾选 "平面最简化" 选项（图 1-57）。

渲染网格品质默认选项为 "粗糙、较快"，显示网格少，曲面显示会略显粗糙（图 1-58）。

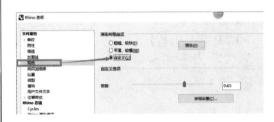

图 1-55　网格

图 1-56　自定义

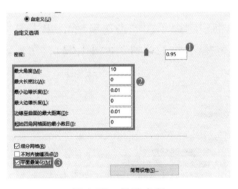

图 1-57　推荐参数

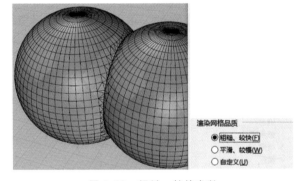

图 1-58　粗糙、较快参数

选择自定义参数模式并设置推荐参数后，网格明显细分增多，曲面显示更为光滑（图 1-59）。

网格参数设置可以让使用者建模时更直观地感受三维模型。

在着色模式下，Rhino 默认状态显示光影效果不是很好，也可以进行一些参数设置，让三维模型显示效果更好、更精确。

如图 1-60 所示的着色模式设置。单击 "选项" ，打开 Rhino 选项设置，单击 "视图"→"显示模式"→"着色模式"，单击右侧选项中的 "颜色 & 材质显示"→"全部物件使用自定义材质"，选择自定义。

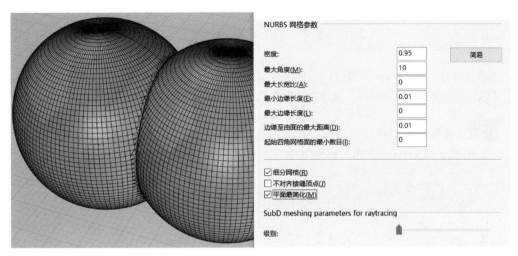

图 1-59　自定义参数

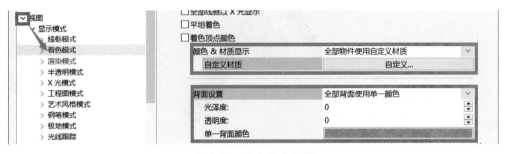

图 1-60　着色模式设置

简单设置参数及物件显示颜色（图 1-61），即可达到显示效果（图 1-62）。

在 Rhino 中，曲面自身具有方向性、正反面之分，默认显示状态下，无法直观观察正反面，需要单击"背面设置"（图 1-60）→"全部背面使用单一颜色"→"单一背面颜色"，然后自定义一种其他颜色，即可直接观察曲面正反（图 1-63）。

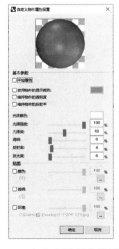

图 1-61　自定义材质参数设置图

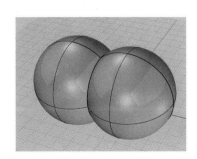

图 1-62　显示效果

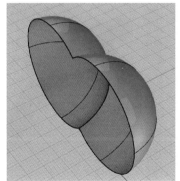

图 1-63　背面效果

1.5　单　位　设　置

产品设计中一般以 mm（毫米）为单位，以 Rhino7.0 版本为例，系统单位默认即为 mm，绝对公差默认为 0.01mm。大多数情况下，无需调整单位设置。

TiPS：建模时可能会遇到曲面建模正确，但布尔运算出现失败的情况，可以将绝对公差设置为 0.001~0.003mm，即可解决布尔运算失败问题。

1.6　蓝牙耳机建模案例

对图 1-64 所示蓝牙耳机进行建模，了解 Rhino 的基本操作。

01 蓝牙耳机

图 1-64　蓝牙耳机

打开 Rhino，激活状态栏 **锁定格点　正交　平面模式　物件锁点　智慧轨迹　操作轴**。双击 **Top ▼**，将"Top"视图最大化。在命令行输入"picture"，置入产品图片作为参考（图 1-65）。在图层面板单击 **新图层**，重命名图层为"参考" **参考　♀**，选择置入的图片，在新建的图层上单击鼠标右键，单击"更改物件图层"，将图片置入参考图层，并"锁定" 🔒。单击"多重直线"命令 ⌇，绘制两条直线（图 1-66）。

图 1-65　图片置入

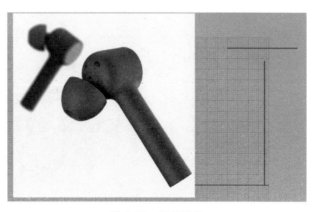

图 1-66　绘制直线

产品设计三维表达

单击"控制点曲线"命令 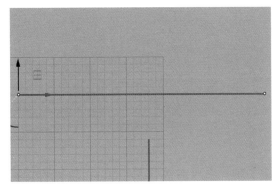，打开端点捕捉 ☑端点，捕捉水平直线的左端点（图1-67）绘制一条曲线（图1-68），注意2个控制点处于垂直线上（图1-69），5个控制点处于水平线上（图1-70），这样旋转成形生成的曲面才不会出错。

图 1-67　捕捉左端点

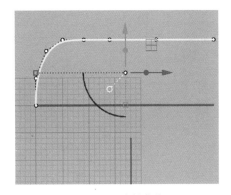

图 1-68　绘制曲线

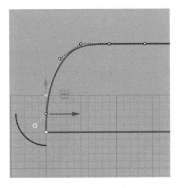

图 1-69　处于垂直线

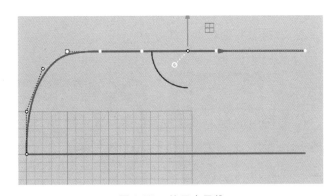

图 1-70　处于水平线

绘制第二条直线（图1-71），绘制第三条曲线（图1-72）。选择第一步绘制的曲线，单击"旋转成形"命令 ，捕捉水平直线左端点为旋转中心轴起点，保证"正交" **正交** 是激活状态，水平直线右端点为旋转轴终点，旋转成形一个曲面（图1-73）。选择第一步绘制的垂直直线，单击"圆管"命令 ，鼠标左键拖移至合适半径大小，按命令行提示生成圆管（图1-74）。

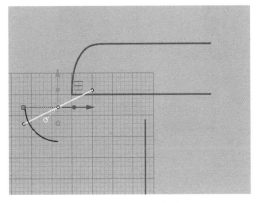

图 1-71　绘制第二条直线

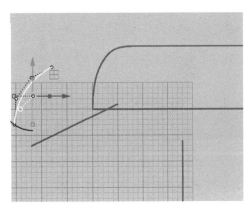

图 1-72　绘制第三条曲线

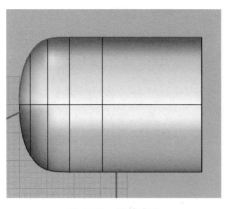

图 1-73　旋转成形

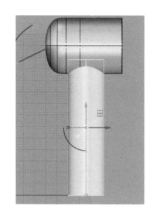

图 1-74　圆管

选择第三条曲线，以第二条直线为旋转中心轴，生成曲面（图 1-75）。选择第二条直线，生成圆管，在命令行中单击 加盖(C)=平头 ，选择 **加盖 <平头>**（ 无(N) ），生成开放圆管（图 1-76）。右键单击"分割" ，选择 以结构线分割曲面 ，将第二个圆管以结构线分割（图 1-77），并删除小的部分。

图 1-75　旋转成形

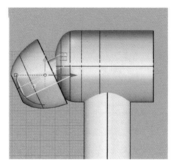

图 1-76　生成开放圆管

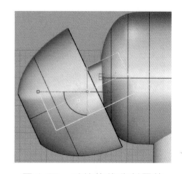

图 1-77　以结构线分割圆管

选择两个曲面（图 1-78），单击"相交" ，生成相交线（图 1-79）。选择相交线，生成圆管（图 1-80）。

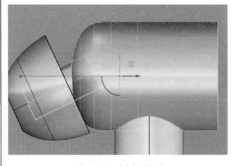

图 1-78　选择曲面

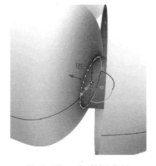

图 1-79　生成相交线

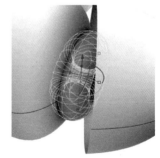

图 1-80　相交线生成圆管

重复上一步操作，生成相交线（图 1-81），生成圆管（图 1-82），选择曲面（图 1-83、图 1-84），执行两次相交线命令（图 1-85）。

产品设计三维表达

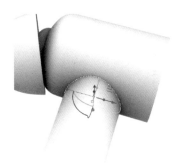

图 1-81　生成相交线

图 1-82　生成圆管

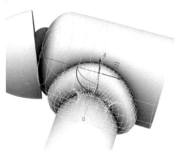

图 1-83　选择曲面（1）

图 1-84　选择曲面（2）

图 1-85　生成相交线

选择曲面，单击"分割"，将曲面分割，并删除曲面（图 1-86）。同样步骤将图 1-87 所示曲面分割、删除。

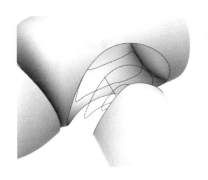

图 1-86　分割曲面并删除曲面（1）

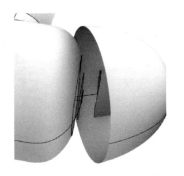

图 1-87　分割曲面并删除曲面（2）

单击"混接曲面"，命令行单击连锁边缘，选择 自动连锁(A)=是，选择分割曲面后的边缘，进行曲面混接（图 1-88），混接选项设置如图 1-89 所示。完成其他两处曲面混接（图 1-90、图 1-91）。

在图层面板单击"材质"，单击"添加"材质按钮，选择石膏材质，颜色设置为深灰色（图 1-92）。选择所有曲面，在材质球上单击右键选择"赋予物件"，完成建模（图 1-93）。

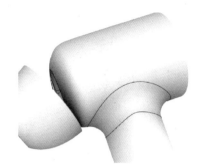

图 1-88　混接曲面（1）

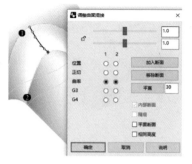

图 1-89　混接选项设置

图 1-90　混接曲面（2）

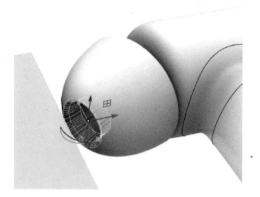

图 1-91　混接曲面（3）

图 1-92　设置材质

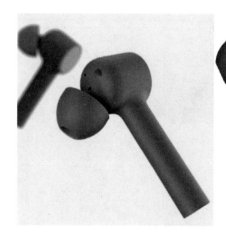

图 1-93　完成图

第 ❷ 章

Rhino入门训练

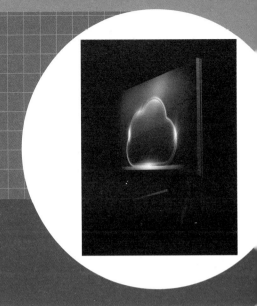

【学习目标】

1）了解 Rhino 建模三个阶段。
2）初步掌握建模中产品形态的归纳，提高对产品三维形态的理解。
3）学会曲线到曲面的曲面建模技巧。
4）熟悉各种基础产品形态的建模方法。

【学习重点】

1）工具的选择，曲面/实体布尔运算，修剪命令的熟练使用。
2）灵活掌握曲线绘制、直线挤出命令、旋转成形命令、布尔运算命令、修剪命令、边缘圆角/斜切角命令等。

Rhino 建模包含三个阶段。

（1）基础建模阶段　基础模型的建立是对视图认识、工具运用、基础形态和简单模型的创建等一些较为简单的技能进行应用，是软件学习过程中最基础的阶段，对于设计类专业来说，此阶段还称不上是入门。

（2）产品级建模阶段　产品级模型的建立对软件技能有更高要求，包括对工具的全面掌握并熟练运用、分面思想的培养、产品形态比例与美观的把控、产品细节的分析与构建、产品体块的划分与处理、材质工艺的掌握与表达等。产品级建模的基础训练才是工业设计等设计类专业对计算机辅助设计技能的入门要求。

（3）手绘三维表达阶段　手绘是设计创意的平面表达，是快速展示设计想法的有效工具，产品手绘的三维表达对产品形态具有更美观、更精确的要求，建立在产品级建模基础之上，不仅要达到产品级的模型效果，更需要空间思维的形态想象与扩展，对产品功能细节的认识与掌握。

在学习软件建模过程中，产品基础形体分析则是建模过程中一个重要的环节。在产品设计草图、二维表达、草模之后，进入三维建模阶段之前先花一定时间去进行产品形体分析，结合产品设计造型方法确定产品形态是曲面、几何或者其他形态。形态是工业产品设计中的一种重要因素，是产品外观与功能的中介。纵观各种各样的产品形态，不难发现，无论它们的复杂程度如何，构成这些产品的基本形态都属于抽象的几何形态和仿生模拟形态。这也说明几何形造型和仿生模拟造型是产品形态构成的两种最基本的方法。

无论一个产品形体有多复杂，基本都可以分为曲面造型和几何体造型。在学习结构素描、产品手绘的时候，通常会先进行基本造型绘制，然后再绘制细节（图2-1）。Rhino建模也是如此，拿到一个产品或者画完手绘表达图后，不能盲目地去画线建面。首先要分析这个产品造型设计是属于曲面造型还是几何体造型。曲面造型比较复杂的产品要记住三个要领：①曲面造型工具；②曲面修改工具；③构建细节。拿到一个曲面模型立刻就要想到曲面的生成工具。所以一定要记住，产品形体分析一定要结合自己的工具使用习惯，例如建立一个曲面可以用网格工具也可以用双轨扫掠工具等，选用自己最熟悉的工具和方式去进行分析。

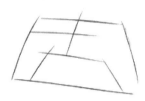

图 2-1　手绘步骤

对应产品形态设计，产品级建模有形态、功能和细节三大核心要素。几何形体大都单纯、统一，因而在设计中常被用于产品形态的原型，但未经改变或设计的几何形态往往显得过于单调或生硬，因此，在几何形体的造型过程中，设计师需要根据产品的具体要求，对一些原始的几何形态做进一步的变化和改进，如采用切割、组合、变异、综合等造型手法，以获取新的立体几何形态。这一新的立体几何形态就是产品形态的雏形。在这一形态基础上，设计师通过对形态进行深化和细部设计，便能获得较为理想的产品造型。几何体造型建模思路可以参考几何形态造型设计：注重实体的组合与拆分，细节部分包括分模线的开槽顺序、按钮、界面等设计，从整体到局部的建模思路。

Rhino建模中，最简单的形态莫过于上一章提到的几何体面切割造型形态。对应到产品形态设计中是切削面形态，此类形态建模在Rhino中的建模思路为绘制直线或者曲线，再进行直线挤出或旋转成形这类最基础的成形方式，然后进行面修剪或者布尔运算，最后加上细节建模即可完成产品建模。

2.1　几何体造型建模分析——机箱

2.1.1　外形切削介绍

外形切削是指在一个完整的形态上，通过切削的方式去除一部分，从而塑造出另一种形状。其目的是使产品美观、符合人机工程学。如图2-2、图2-3所示的两个产品外观，是典型的外形切削造型，其基本形为圆角矩形直线挤出而成的长方体，通过切削外形，使产品形态更便于人拿放。

02 机箱

03 设备

图 2-2　机箱

图 2-3　设备

2.1.2　基础曲线绘制

1）绘制基本形——圆角矩形（图 2-4）。选择"矩形绘制"命令 ⬜，在命令行中单击中心点及圆角 `矩形的第一角` (三点(P) 垂直(V) `中心点(C)` 环绕曲线(A) 圆角(R))：`矩形中心点` `圆角(R)` 。

TIPS：直接使用矩形命令绘制出来的线框是一个 2 阶曲线，如果对模型要求不高，可以直接使用其拉伸实体。在本例中，需要对其进行一些优化操作，以便让初学者对 Rhino 中的曲线阶数及质量有初步了解。

直观判断矩形阶数：先选择绘制好的圆角矩形，然后单击"炸开"命令 ⬚，此时在命令行中提示这个圆角矩形炸开成 8 条线段（图 2-5），矩形基本为 1 阶曲线，需进行优化。

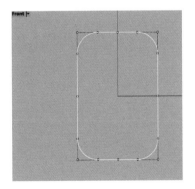

图 2-4　圆角矩形

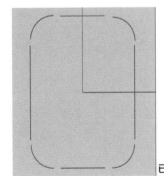

`已将 1 条曲线炸开成 8 条线段。`

图 2-5　将圆角矩形炸开成 8 条线段

矩形优化操作：在曲线工具（图 2-6）中选择"曲线阶数更改"命令 🔲，在命令行中设置"可塑形的 = 否" `新阶数 <2>` `可塑形的(D)=否` ：，在命令行中直接键盘输入阶数值为 3 `新阶数 <2>` (可塑形的(D)=否)：`3`，得到优化的圆角矩形（图 2-7）。

选择"参数均匀化"命令 🔲，将矩形进一步优化（图 2-8），曲线均匀化后会产生一点形变，后续可以进行手动调整。

TIPS：初学时不确定是否优化完成，可以单击"炸开"命令 ⬚，命令行中显示 `无法炸开单一曲线。` 则表示优化完成。

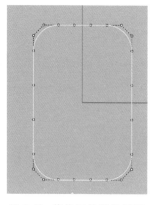

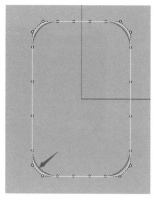

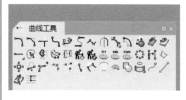

图 2-6　曲线工具

图 2-7　优化后的圆角矩形

图 2-8　曲线均匀化

2）手动调节优化矩形。单击激活软件界面最下方操作轴　**操作轴**，界面中出现红绿坐标轴操作系统，按住【Shift】键同时选择上下四个控制点（图 2-9），单击操作轴左侧蓝色圆圈中的红色方块，输入数值"0.93"（图 2-10），进行水平方向缩小。按住【Shift】键同时选择左右垂直方向上的四个控制点，单击绿色方块，输入数值"0.93"（图 2-11），进行垂直方向缩小。

：数值 1 为原始比例，数值小于 1 则为缩小，数值大于 1 则为放大。

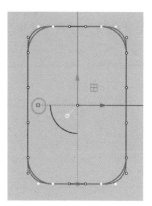

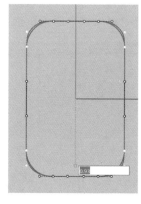

图 2-9　选择上下四个控制点

图 2-10　红轴数值 0.93

图 2-11　绿轴数值 0.93

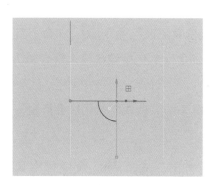

图 2-12　复制圆角矩形

3）复制圆角矩形。选择手动调整好的圆角矩形，单击"复制"命令 ，在另一个视图中水平向右复制一个矩形（图 2-12）。

选择一侧圆角矩形，单击"单轴缩放"命令 ，在命令行中设置"复制 = 是"（图 2-13），这样在缩放的时候同时可以复制一个圆角矩形（图 2-14）。

基准点，请按 Enter 键自动设置。 复制(C) = 是 硬性(R) = 否): 0

图 2-13　单轴缩放命令行设置

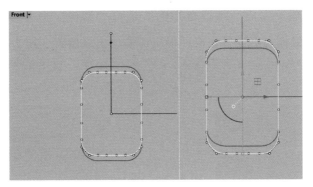

图 2-14　单轴缩放

2.1.3　产品基础曲面建模

1）放样圆角矩形。使用"移动"命令 ⬚ 将刚才单轴缩放好的圆角矩形向外侧（如左侧）移动一定距离（图 2-15），选择两个没有缩放过的圆角矩形（图 2-16），单击"放样"命令 ⬚，设置样式为"标准"，不要简化（图 2-17），单击"确定"，完成两条圆角矩形曲线的放样（图 2-18）。

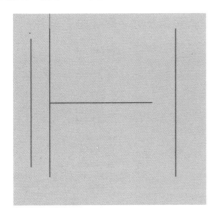

图 2-15　移动矩形图

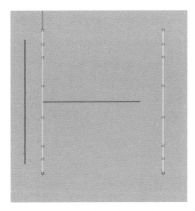

图 2-16　选择放样矩形

图 2-17　放样选项设置

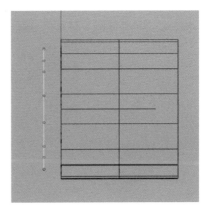

图 2-18　完成放样

选择上一步单轴缩放完成的小圆角矩形，单击"镜像"命令 ⚓，勾选物件锁点的"中点" ☑中点，将镜像起点设置在放样得出的曲面中点位置（图 2-19），图 2-19 中黄色圆圈处为曲面中点，在垂直方向任意处单击鼠标左键，确定镜像轴终点，完成镜像（图 2-20）。

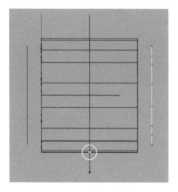

图 2-19　曲面中点

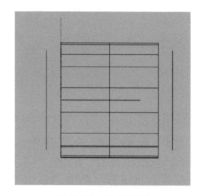

图 2-20　完成镜像

选择两条圆角矩形曲线（图 2-21），单击"放样"命令 🎨，将放样起始位置设置在圆角矩形中点处（图 2-22）。设置样式为"标准"，"不要简化"（图 2-23），单击"确定"，完成两条圆角矩形曲线的放样（图 2-24），将放样后的曲面镜像至另一侧（图 2-25）。

图 2-21　选择曲线

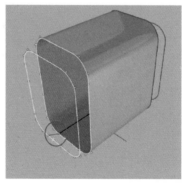

图 2-22　调整起始位置

图 2-23　放样参数设置

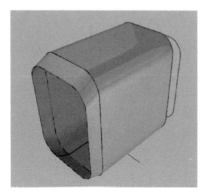

图 2-24　完成放样

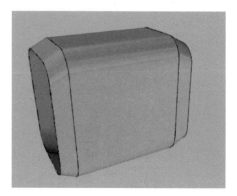

图 2-25　镜像曲面

产品设计三维表达

选择三个曲面，单击"组合"命令 ，将三个单一曲面组合成一个多重曲面（图 2-26）。在实体工具列中选择"平面洞加盖"命令 ，将组合好的多重曲面两端封盖（图 2-27），得到一个完整封闭的实体模型。

2）曲面顺接建模。绘制矩形如图 2-28 所示，将矩形镜像至另一侧（图 2-29），镜像轴为中间大曲面中线。选择修剪命令 ，鼠标左键单击粉色箭头所指部分（图 2-30），完成修剪（图 2-31）。

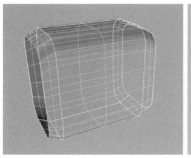

图 2-26　曲面组合

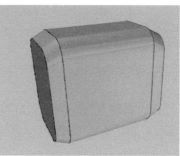

图 2-27　曲面加盖

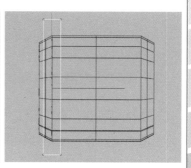

图 2-28　绘制矩形

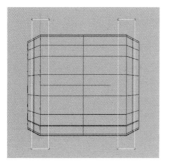

图 2-29　镜像矩形

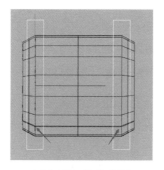

图 2-30　修剪曲面

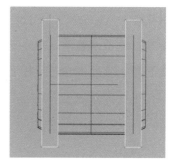

图 2-31　完成修剪

单击曲面工具列中的"混接曲面"命令 ，将混接起始位置设置于粉色圆圈处，并且注意混接起始方向白色箭头一致（图 2-32），混接边缘 1、2 设置为"曲率连接"，数值设置为"1.0"（图 2-33），完成一侧曲面衔接（图 2-34）。另一侧也进行混接曲面，参数设置和第一次混接参数一致（图 2-35）。

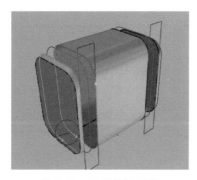

图 2-32　起始位置设置

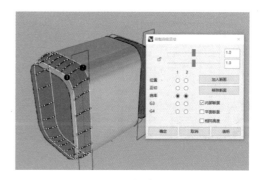

图 2-33　混接参数设置

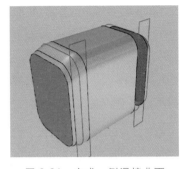

图 2-34　完成一侧混接曲面

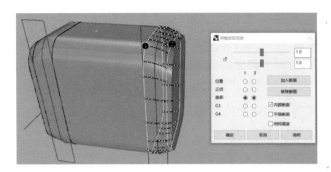

图 2-35　另一侧曲面混接制作

2.1.4　产品实体编辑——抽壳、布尔运算

选择"组合"命令 ![icon]，将所有曲面组合为一体，然后单击实体工具列中封闭的"多重曲面薄壳化"命令（后续称该命令为抽壳命令）![icon]，选择左右两端的曲面（图 2-36），在命令行中可以设置抽壳厚度，完成抽壳命令（图 2-37）。

![TIPS]：抽壳厚度需要初学者多试几次，从而做出比较合适的抽壳产品形态。

单击"矩形"命令 ![icon]，在命令行中单击中心点（图 2-38）和圆角选项（图 2-39），捕捉图 2-40 所示粉色圆圈处中点绘制圆角矩形（图 2-41），完成绘制后在垂直方向使用"移动"命令 ![icon] 将圆角矩形往下移动一定距离（图 2-42）。

图 2-36　选择抽壳曲面

图 2-37　完成抽壳

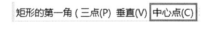

矩形的第一角 (三点(P) 垂直(V) 中心点(C)

图 2-38　中心点

矩形中心点 (圆角(R)):

图 2-39　圆角

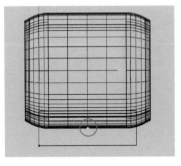

图 2-40　中点捕捉

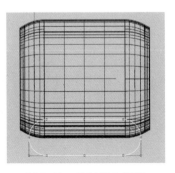

图 2-41　绘制圆角矩形

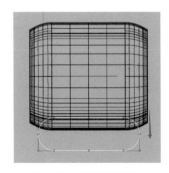

图 2-42　移动圆角矩形

产品设计三维表达

选择移动后的矩形，单击"镜像"命令 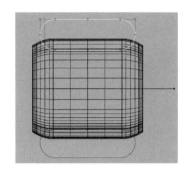，在命令行中直接输入"0"（图 2-43）。设置镜像平面起点，终点在水平方向任意处单击鼠标左键确认镜像轴（图 2-44），完成镜像（图 2-45）。

镜像平面起点（三点(P) 复制(C)=*是* X轴(X) Y轴(Y)）: 0

图 2-43　确认起点

图 2-44　确认镜像轴

图 2-45　完成镜像

选择镜像好的矩形，在曲面边栏工具列中选择"直线挤出"命令 ，命令行中设置"两侧=是，实体=是"（图 2-46），挤出两个实体（图 2-47、图 2-48）。

挤出长度 < 313>（方向(D) 两侧(B)=*是* 实体(S)=*是* 删除输入物件(L)=*否* 至边界(T) 设定基准点(A)）:

图 2-46　挤出设置

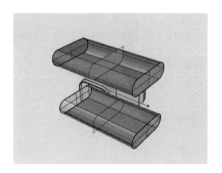

图 2-47　直线挤出

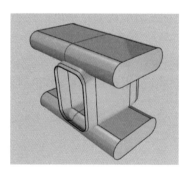

图 2-48　完成效果

先选择抽壳曲面（图 2-49），单击实体工具列中的布尔运算"差集"命令 ，然后再选上一步直线挤出的两个实体（图 2-50），完成布尔运算差集（图 2-51）。

打开最近点捕捉 ☑ **最近点**，单击"矩形"命令 ，在命令行中单击圆角选项，起始点捕捉上一步布尔运算后的曲面，另一个角点也捕捉布尔运算后的曲面上的最近点，完成圆角矩形绘制（图 2-52）。Rhino 软件是一款三维建模软件，有时候在一个视图中曲线的形状和位置是正确的，但在另一个视图却不是期望的位置和形状（图 2-53），需要进行对齐移动操作。

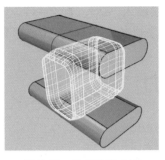

图 2-49　选择抽壳曲面

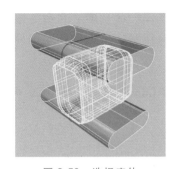

图 2-50　选择实体

图 2-51　完成布尔运算差集

图 2-52　绘制圆角矩形

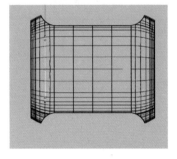

图 2-53　矩形位置

选择绘制的圆角矩形，单击对齐工具列中的"左对齐"命令 ▐ ，将其对齐到布尔运算后的曲面的最左侧（图 2-54），对齐后切换至另外一个视图，选择曲线编辑工具列中的"曲线偏移"命令 ⏧ ，在命令行中单击"通过点"（图 2-55），通过移动鼠标左键确认偏移距离的大小，将其向内偏移一定距离（图 2-56）。偏移完成后同时选择这两条曲线，单击"直线挤出"命令 ▣ ，命令行中单击"实体＝是"，挤出终点捕捉设置到布尔运算的曲面另一端，挤出一个实体（图 2-57）。

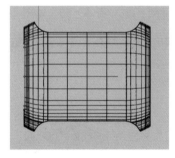

图 2-54　左对齐

偏移侧（距离(D)＝1.37059 松弛(L)＝否 角(C)＝锐角 通过点(T) 公差(Q)＝0.003 两侧(B) 与工作平面平行(I)＝是 加盖(A)＝无）：

图 2-55　偏移距离大小设置

图 2-56　偏移曲线

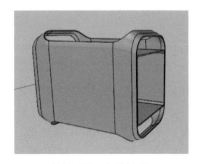

图 2-57　直线挤出

产品设计三维表达

30

选择偏移后的曲线（图 2-58），单击"直线挤出"命令 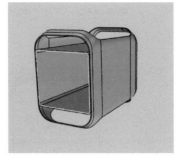 将其单独挤出一个实体，命令行设置同上一个挤出设置（图 2-59），挤出长度也同上一个挤出长度，都为布尔运算后的曲面长度（图 2-60）。选择第二次挤出的实体，单击"单轴缩放"命令 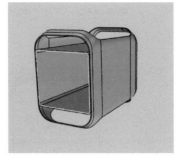，捕捉中点（图 2-61），水平方向向左右同时放大相同距离（图 2-62）。

图 2-58　选择偏移后的曲线

单击实体工具列中的"实体边缘圆角"命令，命令行中单击连锁边缘（图 2-63），这样在选择要圆角的边缘时不容易漏选，选择上一步水平缩放的挤出面边缘完成边缘圆角化（图 2-64）。

挤出长度 < 264.32> (方向(D) 两侧(B)=否 实体(S)=是 删除输入物件(L)=否 至边界(T) 设定基准点(A)):

图 2-59　直线挤出实体选项设置

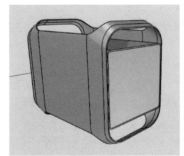

图 2-60　直线挤出

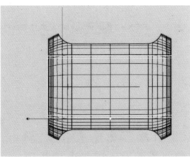

图 2-61　中点捕捉

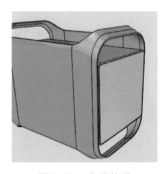

图 2-62　水平缩放

选取要建立圆角的边缘 (显示半径(S)=是 下一个半径(N)=1 连锁边缘(C) 面的边缘(F) 预览(P)=否 上次选取的边缘(R) 编辑(E)):

图 2-63　连锁边缘

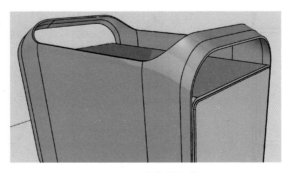

图 2-64　边缘圆角化

使用"曲线偏移"命令，单击命令行通过点设置偏移大小（图 2-65），继续将之前绘制的矩形向内偏移一定距离（图 2-66），将该曲线向外直线挤出一个实体（图 2-67）。

偏移侧 (距离(D) = 1.37059 松弛(L) = 否 角(C) = 锐角 通过点(I) 公差(Q) = 0.003 两侧(B) 与工作平面平行(I) = 是 加盖(A) = 无):

图 2-65　偏移距离设置

图 2-66　偏移曲线

图 2-67　直线挤出实体

继续进行"边缘圆角"命令 ，命令行单击连锁边缘（图 2-68），进行圆角处理（图 2-69）。

选取要建立圆角的边缘 (显示半径(S) = 是 下一个半径(N) = 1 连锁边缘(C) 面的边缘(F) 预览(P) = 否 上次选取的边缘(R) 编辑(E)):

图 2-68　连锁边缘

2.1.5　产品细节建模

1）细节处理。单击"多重直线"命令 ，绘制 LOGO（图 2-70），选择绘制好的曲线图形，单击曲线编辑工具列中的"全部圆角"命令 ，将曲线尖角处圆角化处理。将绘制好的 LOGO 线框水平向左移动至主体曲面外侧（图 2-71），单击"直线挤出"命令 ，命令行设置"实体 = 是"，将线框向右挤出一个实体（图 2-72）。

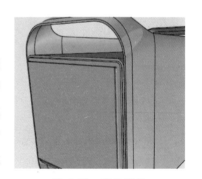

图 2-69　实体圆角

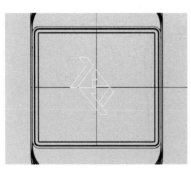

图 2-70　绘制 LOGO

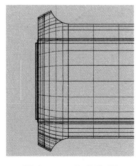

图 2-71　移动位置

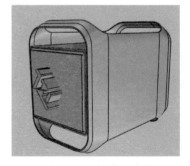

图 2-72　直线挤出实体

先选择最后一次偏移曲线后直线挤出的实体（图 2-73），单击布尔运算"差集"命令 ，再单击直线挤出好的 LOGO 实体，完成差集运算（图 2-74）。

产品设计三维表达

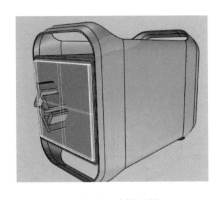

图 2-73　选择实体

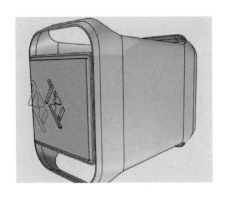

图 2-74　布尔运算差集

2）接缝线制作。单击"多重直线"命令 ，绘制两条直线（图 2-75），先选择主体曲面（图 2-76），再单击"分割"命令 ，选择绘制好的两条直线，将主体曲面分成上下左右 4 个部分（图 2-77），保持选定状态，单击"封盖"命令 ，将 4 个分割好的曲面封盖，得到 4 个封闭的多重曲面（图 2-78、图 2-79），在命令行中可以直观观察到 4 个分割好的曲面加盖成为封闭多重曲面（图 2-80）。

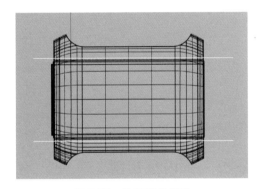

图 2-75　绘制两条直线

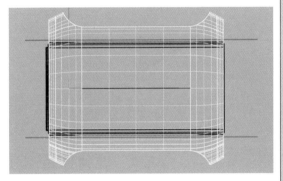

图 2-76　选择主体曲面

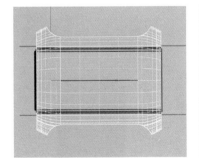

图 2-77　分割曲面

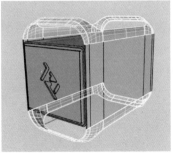

图 2-78　封闭的多重曲面（1）

图 2-79　封闭的多重曲面（2）

已经将 8 个缺口加盖，得到 4 个封闭的多重曲面。

图 2-80　命令行记录

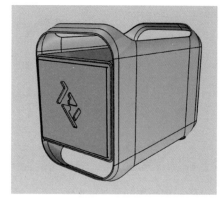

TIPS：直线挤出后的 3D 模型，再导入 KeyShot 时有时候无法显示出来，在模型建完后，需要用【Ctrl+A】将所有物体选取，观察如果有挤出图形，选中这个挤出图形，然后快速单击"炸开"命令，保持选中状态单击"组合"命令，将其变为一个多重曲面，完成建模（图 2-81）。

【课后练习】 参考图 2-82、图 2-83，完成设备模型建模。

图 2-81 完成整体造型建模

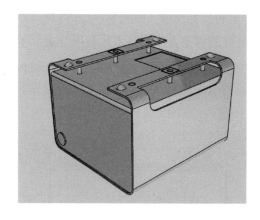

图 2-82 设备建模图

图 2-83 设备白模

2.2 几何体造型建模分析——内型切削

2.2.1 内型切削造型分析

通过切削使产品外壳和产品操作区域分离出来。图 2-84 ~ 图 2-86 所示为比较典型的内型切削造型。

04 鼠标

图 2-84 鼠标

图 2-85 智能触屏音箱

图 2-86 无线网关

2.2.2　鼠标建模分析

观察图 2-87 所示的鼠标侧视图,分析出该模型需要通过内型切削方法,将鼠标外壳和鼠标按键分离。产品基本曲面造型为红色外壳,对其进行曲面分析,红色外壳部分可以直接构建为一个整体曲面进行建模,然后进行简单切削,最后绘制按键等细节即可完成鼠标的建模。

图 2-87　鼠标侧视图及内型切削方法

2.2.3　基础曲面建模

在命令行分三次输入"picture"命令,导入鼠标的三视图(图 2-88~图 2-90)。

TIPS:Rhino 导入视图或者草图建模命令是"picture"。该命令与背景图置入的区别是可以自由对导入的建模参考图片进行缩放、对齐等匹配操作。

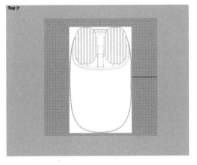
图 2-88　Top 视图

图 2-89　Bottom 视图

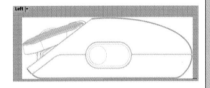
图 2-90　侧视图

在曲线绘制工具列中单击"控制点曲线"命令，在侧视图中绘制鼠标背脊线(图 2-91)(产品侧视图或者正视图的造型外轮廓线一般称为背脊线,就像虾的背部弓形曲线一般),使用"控制点曲线"命令绘制曲线时,记住一个原则,用最少的控制点绘制曲线。曲线控制点点数越少,曲线质量越高。绘制曲线时注意(图 2-91)前后两个红色圆圈处的两个控制点位置,这两个控制点要在绘制时处于同一垂直方向上,不然后期生成曲面时会出错。侧视图中画完背脊线后切换到"Top"视图中继续绘制轮廓线,同样注意上下两个绿色圆圈中的两个控制点在同一水平方向上(图 2-92),同时轮廓线上下两端必须在同一垂直方向上。

TIPS:对称轮廓线的端点位置处的两个控制点必须在同一水平方向或者垂直方向上,这样保证对称镜像后不会出现尖锐角点。

选择 Top 视图中绘制好的轮廓线,单击"镜像"命令，以轮廓线端点为镜像轴起点,终点在垂直方向上任意一点都可以,完成轮廓线绘制(图 2-93)。

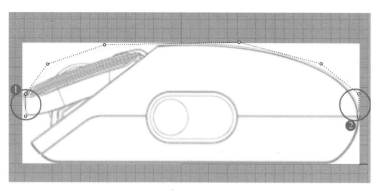
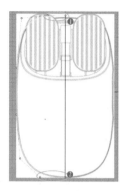

图 2-91　背脊线绘制　　　　　　　　　　　　　　　　图 2-92　轮廓线绘制

选择两条轮廓线，单击"直线挤出"命令 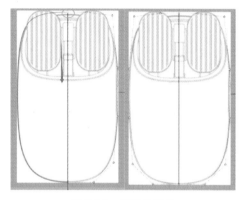，命令行中设置"实体＝否"，向下挤出放样所需要的辅助面（图 2-94）。

图 2-93　镜像轮廓线

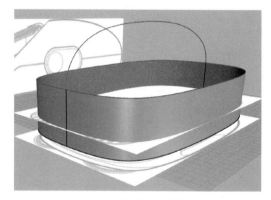

图 2-94　直线挤出放样辅助面

单击"放样"命令 ，依次选择辅助面曲面边缘（图 2-95）为第一条放样曲线，背脊线为第二条放样曲线，另一边的辅助面曲面边缘（图 2-96）为第三条放样曲线，在依次选取放样曲线时，注意在图 2-97 所示数字位置处选取，不可一条曲线在左端，另一条曲线在右端选取。选取完曲线后单击右键或者按【Enter】键确定，弹出放样选项设置（图 2-98），完成上盖曲面制作（图 2-99）。

TiPS：只有选择曲面边缘，放样选项才可以勾选与起始端和结束端边缘相切（图 2-98）。

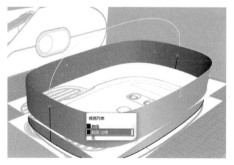

图 2-95　选取曲面边缘（1）

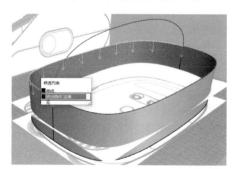

图 2-96　选取曲面边缘（2）

产品设计三维表达

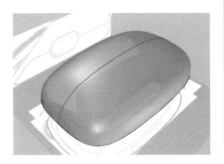

图 2-97　选取位置　　　　　图 2-98　放样选项设置　　　　图 2-99　鼠标上盖曲面放样完成

　　选择一开始绘制的背脊线，单击"镜像"命令 ，以背脊线端点为镜像轴起点和终点，水平向下镜像（图 2-100）。选择镜像好的曲线的控制点使用"移动"命令 移动曲线控制点，调整曲线形状（图 2-101）。

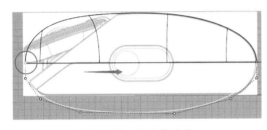
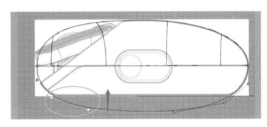

图 2-100　镜像背脊线　　　　　　　　　图 2-101　调整曲线形状

　　选择两条轮廓线，单击"直线挤出"命令 ，命令行中设置"实体＝否"，向上挤出放样所需的辅助面（图 2-102）。

　　随着建模绘制的线和面越来越多，可以选择暂时不用操作的线面，单击"隐藏"命令 将其隐藏。按鼠标上盖曲面制作方式制作下盖曲面，单击"放样"命令 依次选择曲面边缘，调整好的下背脊线，另一侧曲面边缘（图 2-103、图 2-104），单击右键或按【Enter】键确认，勾选与起始结束端边缘相切选项，单击"确定"，完成下盖曲面绘制。

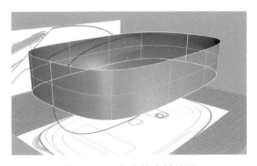

图 2-102　向上挤出辅助面

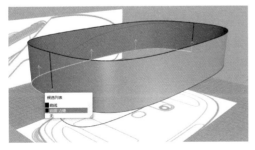
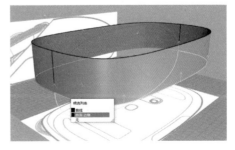

图 2-103　依次选择曲线（1）　　　　　　图 2-104　依次选择曲线（2）

单击"多重直线"命令 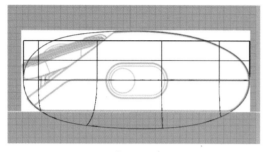 绘制直线（图2-105），选择绘制好的直线，单击"修剪"命令 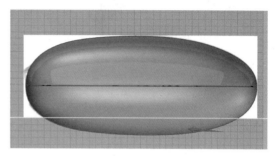，再单击箭头所指下盖曲面部分（图2-106），完成下盖曲面修剪（图2-107）。

图 2-105　绘制修剪用直线

图 2-106　修剪下盖曲面

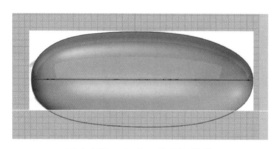

图 2-107　完成下盖曲面修剪

在曲面边栏工具列中选择"以平面曲线建立曲面"命令 ，选择修剪后的下盖曲面边缘（图2-108），完成鼠标底面建模（图2-109）。

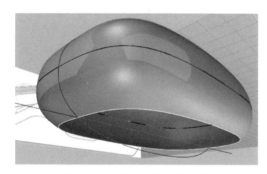

图 2-108　选择下盖曲面边缘

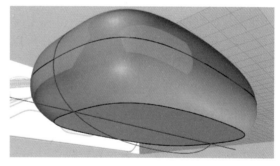

图 2-109　平面曲线生成曲面构建鼠标底面

单击"多重直线"命令 绘制直线（图2-110），选择绘制好的直线，单击"修剪"命令 ，再单击箭头所指曲面部分（图2-111），完成鼠标曲面修剪（图2-112）。

2.2.4　实体编辑——加盖、抽壳

选择之前构建的所有曲面，单击"组合"命令 ，将其组合为一个多重曲面，单击实体工具列中的"平面洞加盖"命令 ，将上一步曲面修剪后留下的平面洞加盖（图2-113）。

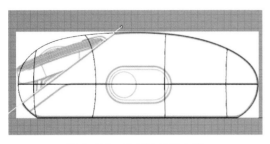

图 2-110　绘制修剪用直线

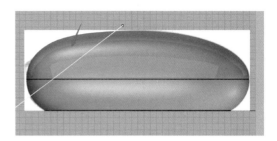

图 2-111　修剪曲面

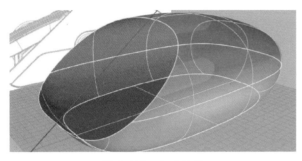

图 2-112　完成修剪

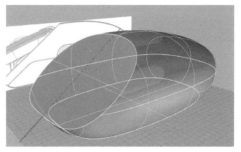

图 2-113　平面洞加盖完成曲面实体建模

选择完成加盖的鼠标实体，在实体工具列中选择抽壳命令 ，选取（图 2-114）箭头所指曲面，在命令行中输入适当厚度数值，单击右键确定完成抽壳（图 2-115）。

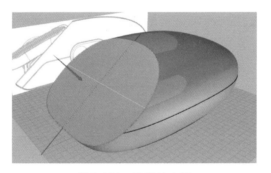

图 2-114　选择抽壳面

选取封闭的多重曲面要移除的面，并至少留下一个面未选取。，按 Enter 完成（厚度(T) = 3 ）: 3.2

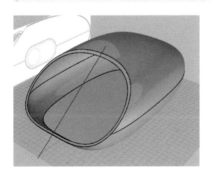

图 2-115　参数及完成抽壳

2.2.5 鼠标按键建模

在侧视图中使用"控制点绘制曲线"命令 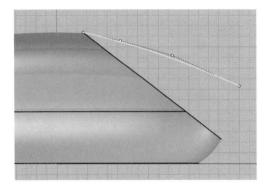 绘制一条四阶三点鼠标按键基础曲面建模曲线（图2-116），然后在"Top"视图中将其移动到合适位置（图2-117）。将该曲线使用"复制"命令 ，将其向右复制一根曲线（图2-118），并向下移动一定距离（图2-119）。在曲面边栏工具列中单击"放样"命令 ，依次点选这两根曲线的相邻位置，放样选项样式设置为标准，不要简化（图2-120），单击右键完成放样（图2-121）。

图 2-116 绘制曲线

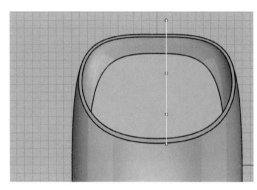

图 2-117 移动曲线至合适位置

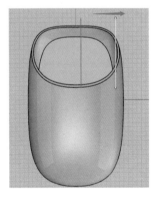

图 2-118 复制曲线

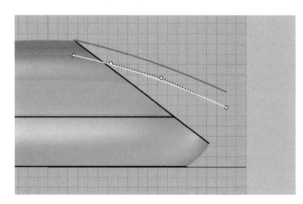

图 2-119 移动位置

图 2-120 放样选项设置

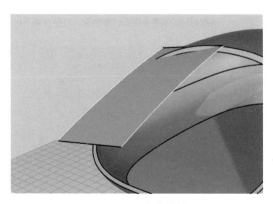

图 2-121 完成放样

产品设计三维表达

选择"绘制矩形"命令 ▭，命令行中单击"圆角（R）"，绘制一个圆角矩形。选择绘制好的圆角矩形，切换到"Top"视图，在曲面工具工具列中单击"投影"命令 🗇，单击放样完成的按键基础曲面（图 2-122），单击右键确定完成投影（图 2-123）。

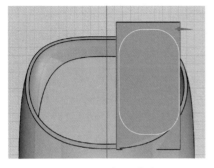

图 2-122　投影曲线

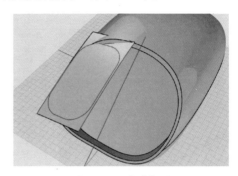

图 2-123　完成投影

选择鼠标按键基础曲面，单击"分割"命令 🕂，在命令行中"提示选取切割用物件"后，选择上一步投影到曲面上的投影线，单击右键确定完成分割（图 2-124），修剪完成后将多余的曲面按【Delete】键删除，得到需要的分割面（图 2-125），选择"复制"命令 🖳，将分割后的曲面在侧视图中向下复制一个曲面（图 2-126）。

TiPS：使用"分割"命令 🕂，先选要分割的曲面或者曲线，再选择用来分割曲线或者曲面的物件。使用"修剪"命令，先选用来修剪用的曲线或者曲面，再选择需要被修剪的曲线或者曲面。两种命令的选择物件顺序正好相反，初学者尤其需要注意。

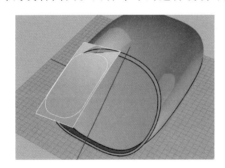

图 2-124　分割曲面

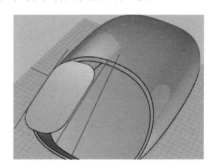

图 2-125　删除多余分割面

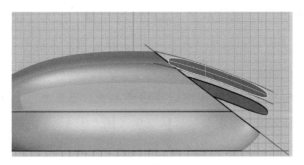

图 2-126　复制分割面

单击曲面边栏工具列中的"放样"命令 ，依次选择分割面和复制的分割面的曲面边缘，选择曲面边缘时，在相邻位置点选，利用物件锁点，用鼠标左键将放样起始点设置到图 2-127 所示位置处，单击右键确定，弹出放样选项，按图 2-128 设置，单击"确定"完成放样（图 2-129）。

  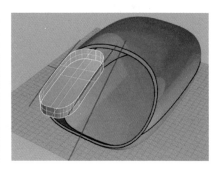

图 2-127　设置放样起始位置　　　　图 2-128　放样选项设置　　　　图 2-129　完成放样

选择三个曲面，单击"组合"命令 ，将三个曲面组合成一个多重曲面。选择"矩形"命令 在"Top"视图中绘制一个矩形，使用"复制"命令 ，将绘制好的矩形向左复制一次。选择第一步绘制的矩形，单击"镜像"命令 ，打开物件锁点的"中点"捕捉 ☑中点，捕捉复制好的矩形的中点（图 2-130），沿垂直方向镜像得到第三个矩形。选择第一、第二个矩形使用"镜像"命令 ，捕捉第三个矩形的中点，继续镜像矩形，最终得到一组矩形矩阵（图 2-131）。

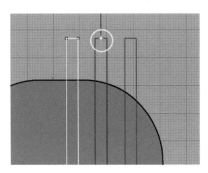 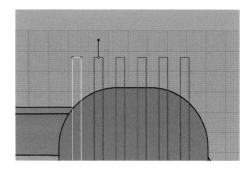

图 2-130　镜像矩形　　　　　　　　　　图 2-131　矩形矩阵

选择上一步绘制的所有矩形，单击"群组"命令 ，单击实体边栏工具列中的"直线挤出"命令 ，在命令行中设置"实体＝是"，将矩形矩阵挤出一组实体（图 2-132），将这组挤出实体单击"群组"命令 。选择上一步完成的按键曲面（图 2-133），单击"复制"命令 先复制一份，保持按键选择状态不变，单击布尔运算"交集"命令 ，再单击直线挤出的矩形实体，完成布尔运算交集（图 2-134）。单击"粘贴"命令 ，将按键曲面粘贴回来，使用"移动"命令 将上一步交集得到的曲面向上移动一定距离（图 2-135）。

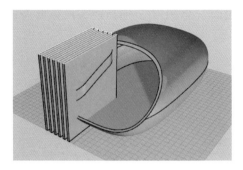

图 2-132　直线挤出实体

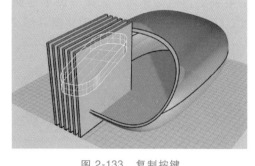

图 2-133　复制按键

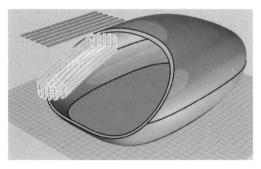

图 2-134　布尔运算交集

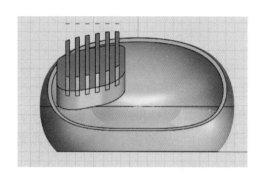

图 2-135　粘贴按键曲面并移动交集面

选择粘贴回来的按键曲面，单击布尔运算"差集"命令 ◉，选择上一步布尔运算"交集"生成的曲面，单击右键确定完成按键建模（图 2-136）。

TiPS：鼠标按键的这种建模方法，在 Rhino 细节建模中比较常见。首先将曲面或者实体先复制 ⬚ 一份，先运行交集命令 ◉，然后将曲面或者实体粘贴 ⬚ 回来做差集运算 ◉（在 Rhino 软件中，复制和粘贴命令不计入 Rhino 建模的历史记录里，意思就是只要不复制别的物件，之前复制的物件就一直存在于内存记录中）。或者选择"布尔运算分割"命令，也可实现同样效果。

图 2-136　完成按键建模

使用"移动"命令 ⬚，将按键在"Top"视图中移动到合适位置（图 2-137），然后单击"镜像"命令 ⬚，捕捉鼠标主体曲面中点，将其沿垂直方向镜像按键曲面（图 2-138）。

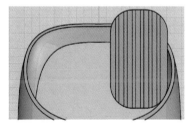

图 2-137　移动按键

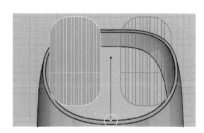

图 2-138　镜像按键

在曲面边栏工具列中选择"以平面曲线建立曲面"命令 ，选择箭头所指曲面边缘（图 2-139），完成鼠标前部曲面建模（图 2-140）。

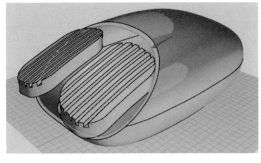

图 2-139　选择曲面边缘

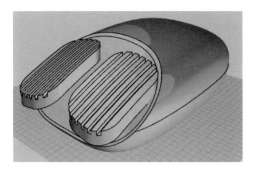

图 2-140　鼠标前部曲面

选择实体工具列中的"抽离曲面"命令 ，在命令行中设置"复制 = 是"，选择鼠标主体内部曲面，右键确定抽离并复制生成一个内部曲面。同时选择上一步生成的前部曲面和抽离曲面（图 2-141），单击"组合"命令 ，将其组合成一个多重曲面，保持选中状态单击"隔离物件"命令 ，将其他的物件先隐藏起来（图 2-142）。选择实体工具列中"边缘圆角"命令 ，进行细节处理（图 2-143）。

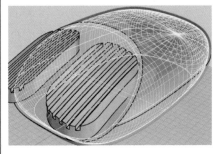

图 2-141　组合曲面

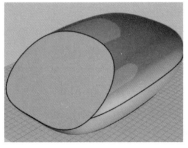

图 2-142　隔离物件

图 2-143　边缘圆角

选择之前绘制的用来修剪鼠标主体的直线，单击"复制"命令 ，将其向鼠标内部复制一份（图 2-144），选择复制后的直线并单击"修剪"命令 ，单击箭头所指上一步完成的鼠标内部曲面（图 2-145）完成修剪（图 2-146）。选择修剪后的曲面，单击实体工具列中的"平面洞加盖"命令 ，将其加盖实体化（图 2-147）。

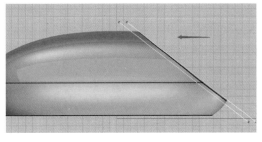

图 2-144　复制直线

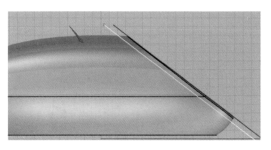

图 2-145　修剪曲面

产品设计三维表达

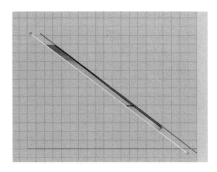

图 2-146　完成修剪

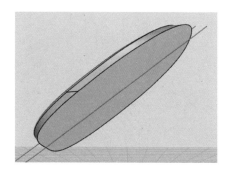

图 2-147　加盖实体化

2.2.6　细节建模

在实体边栏工具列中选择"立方体"命令 ⬛，绘制一个长方体（图 2-148），然后在"Top"视图中单击"镜像"命令 ⚏，将其镜像（图 2-149）。

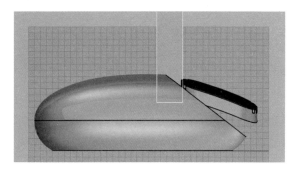

图 2-148　绘制长方体

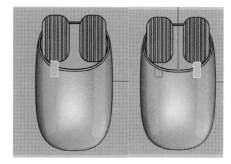

图 2-149　镜像长方体

选择加盖实体化后的内部曲面和两个长方体，单击"复制"命令 🗐 先复制一份（图 2-150）。选择加盖实体化后的内部曲面（图 2-151），单击布尔运算"交集"命令 ◓，再选择长方体，完成布尔运算交集（图 2-152）。单击"粘贴"命令 📋，将加盖实体化后的内部曲面和两个长方体粘贴回来，先选择加盖实体化后的内部曲面（图 2-153）单击布尔运算"差集"命令 ◓，再选择长方体，单击右键完成差集运算（图 2-154）。

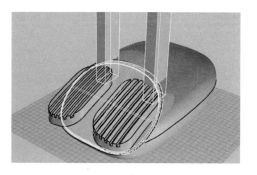

图 2-150　复制加盖实体化后的
内部曲面和两个长方体

单击"矩形"命令 ▭，绘制两个矩形，选择绘制好的这两个矩形，单击对齐工具列中的"中心点对齐"命令 ✛，将两个矩形在水平和垂直方向居中对齐（图 2-155）。选择对齐好的两个矩形，单击曲线工具列中的"曲线布尔运算"命令 🔄，在命令行中设置"删除输入物件＝全部，结合区域＝是"，然后单击图 2-156 所示位置，进行曲线的布尔运算（图 2-157）。

图 2-151 选择加盖实体化后的内部曲面

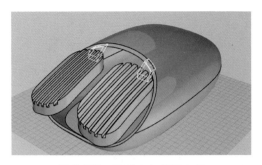

图 2-152 完成布尔运算交集

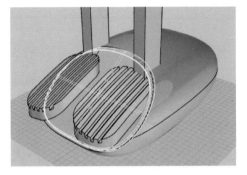

图 2-153 选择加盖实体化后的内部曲面

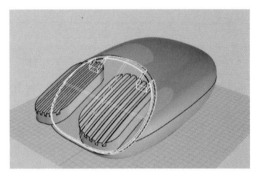

图 2-154 完成差集运算

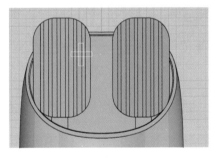

图 2-155 中心对齐矩形

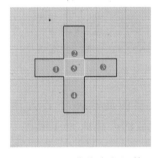

图 2-156 曲线布尔运算

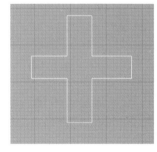

图 2-157 完成绘制

单击"移动"命令 将布尔运算后的曲线向上移动到合适位置（图 2-158），单击实体边栏工具列中的"直线挤出"命令 ，在命令行中设置"实体＝是"，将曲线挤出一个实体（图 2-159），单击"移动"命令 将挤出的实体水平移动一定距离至合适位置（图 2-160）。

先选择图 2-161 所示曲面，单击"修剪"命令 ，再单击图 2-161 中箭头所指上一步挤出物件部分，单击右键完成修剪（图 2-162）。

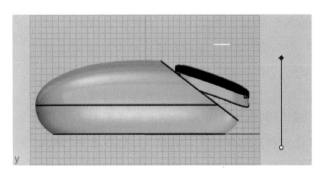

图 2-158 移动曲线

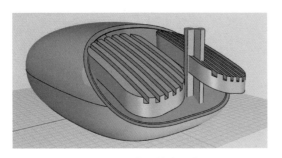

图 2-159　直线挤出实体

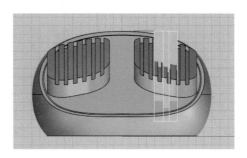

图 2-160　移动挤出物件

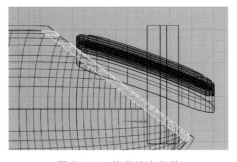

图 2-161　修剪挤出物件

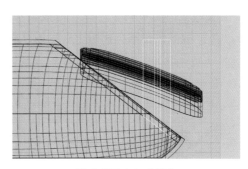

图 2-162　完成修剪

先选择图 2-163 所示按键曲面，单击"修剪"命令，再单击图 2-163 中箭头所指上一步挤出物件部分，单击右键完成修剪（图 2-164），选择图 2-164 所示修剪后的一部分曲面，然后按【Delete】键删除。

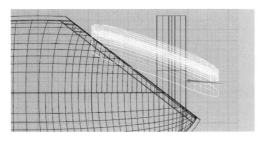

图 2-163　选择按键修剪上一步修剪后物件

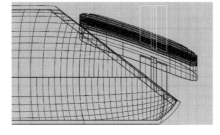

图 2-164　完成第二次修剪

选择按键轴（图 2-165），单击"镜像"命令 ，捕捉黄色圆圈中的鼠标主体中点（图 2-166），垂直方向完成镜像（图 2-167）。

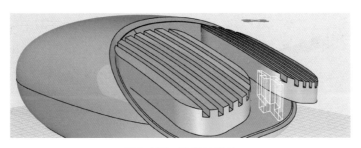

图 2-165　选择按键轴

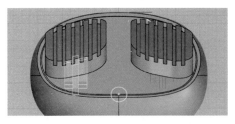

图 2-166　镜像按键轴

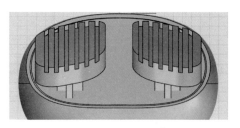

图 2-167　完成镜像

单击"控制点曲线"命令 ![icon] 绘制两根曲线（图 2-168），然后将两根曲线分别进行偏移。在曲线工具工具列中选择"曲线偏移"命令 ![icon]，命令行中设置"加盖＝圆头"，单击"通过点"用鼠标左键在视图中确定偏移距离（图 2-169）。偏移完成后，在实体边栏工具列中选择"直线挤出"命令 ![icon]，依次将这两根偏移曲线，分别挤出不同长度（图 2-170、图 2-171）。

图 2-168　绘制曲线

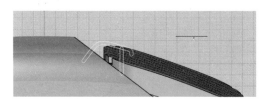

图 2-169　偏移曲线

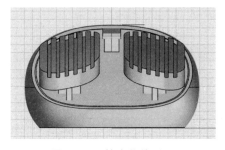

图 2-170　挤出物件（1）

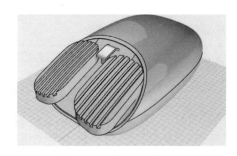

图 2-171　挤出物件（2）

单击"从中心点绘制圆"命令 ![icon]，在侧视图中绘制一个圆形（图 2-172），在实体边栏工具列中选择"直线挤出"命令 ![icon]，命令行设置"两侧＝是，实体＝是"将圆挤出合适长度（图 2-173）。

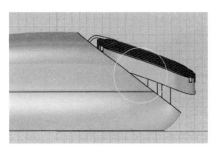

图 2-172　绘制圆

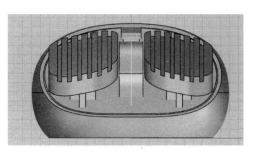

图 2-173　挤出圆

48

TiPS：Rhino 绘制的圆默认会位于坐标轴上，这里使用直线挤出命令，需要在命令行中设置"两侧＝是"，保证直线挤出的滚轮实体是处于鼠标正中间（图2-174）。

挤出长度 < 105.9>（方向(D) 两侧(B)＝是 实体(S)＝是 删除输入物

图 2-174　挤出设置

单击实体工具列中的"曲面边缘"命令，选择挤出物件的两个边缘（图2-175），命令行中直接输入合适圆角半径，将挤出物件圆角化（图2-176）。

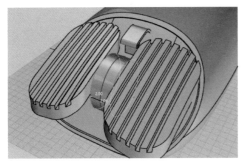

图 2-175　选择曲面边缘

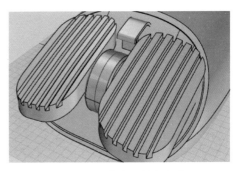

图 2-176　挤出物件圆角化

2.2.7　实体编辑——侧面按键建模

单击"控制点曲线"命令绘制一根曲线（图2-177），在曲面边栏工具列中选择"直线挤出"命令，命令行设置"两侧＝是，实体＝否"，将该曲线挤出合适长度（图2-178）。

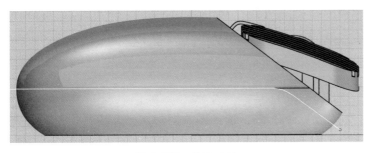

图 2-177　绘制曲线

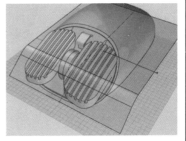

图 2-178　挤出曲线

切换到侧视图，先选择鼠标主体曲面，单击"分割"命令，再单击上一步挤出曲面，单击右键完成主体曲面的分割（图2-179）。选择分割好的主体曲面上半部分，单击"修剪"命令，单击两个箭头所指挤出曲面部分（图2-180），单击右键确定完成修剪（图2-181）。选择修剪好的挤出曲面，单击"复制"命令，再按住【Shift】键加选分割好的主体曲面上半部分，单击"组合"命令组合成一个多重曲面（图2-182）。单击"粘贴"命令，将修剪完的挤出曲面粘贴回来，按住【Shift】键加选分割好的主体曲面下半部分，单击"组合"命令组合成一个多重曲面（图2-183）。

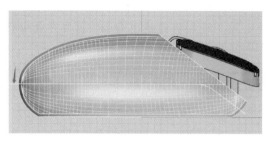

图 2-179 分割主体曲面

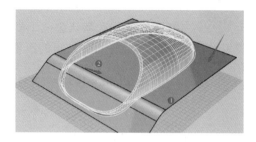

图 2-180 修剪挤出曲面

图 2-181 完成修剪

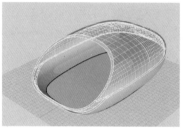

图 2-182 组合上半部分曲面

图 2-183 组合下半部分曲面

单击"矩形"命令及"圆"命令，绘制圆角矩形及圆（图 2-184），保证这两个图形水平中心对齐。

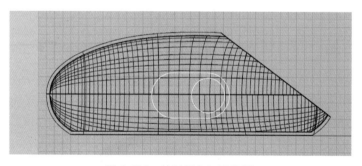

图 2-184 绘制圆角矩形及圆

在实体边栏工具列中的"直线挤出"命令 ，选择圆角矩形水平方向挤出一定距离（图 2-185）。同时选择鼠标主体曲面上半部分和下半部分，单击布尔运算"差集"命令 ，再选择上一步圆角矩形挤出的曲面（图 2-186）。

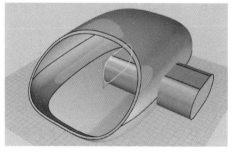

图 2-185 挤出圆角矩形

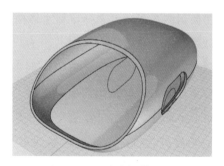

图 2-186 布尔运算差集

单击"多重直线"命令 绘制，打开端点捕捉，捕捉（图2-187）圆圈处两个端点，绘制一条直线，单击曲线工具列中的"重建曲线"命令 🔧 ，在弹出的重建选项框中设置"点数为4，阶数为3"的曲线（图2-188）。选择中间的两个控制点，使用"单轴缩放"命令 🔳 ，打开中点捕捉，进行缩放，缩放完后将这两个控制点向鼠标内侧移动一定距离（图2-189）。

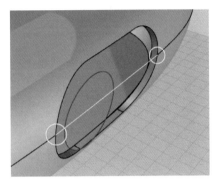
图 2-187　绘制直线

图 2-188　重建选项

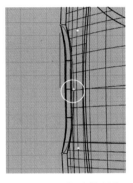
图 2-189　缩放控制点

在"从物件建立曲线工具列"中选择"复制边缘"命令 🗔 ，复制两个曲面边缘（图2-190），依次选择复制出来的两个曲面边缘和上一步绘制好的曲线，单击"放样"命令 🗯 ，右键确定弹出放样选项框，设置样式为"标准""不要简化"（图2-191），单击"确定"完成放样（图2-192）。

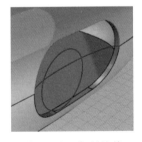
图 2-190　复制边缘

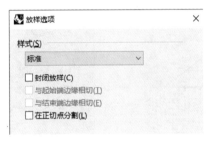
图 2-191　放样选项

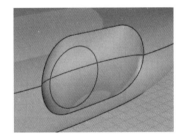
图 2-192　完成放样

选择上一步复制好的曲面边缘，单击"组合"命令 🧩 ，组合为一根曲线（图2-193），单击曲面边栏工具列中的"圆管"命令 🍡 ，移动鼠标左键来确定圆管半径大小生成圆管（图2-194）。选择生成的圆管和放样曲面，在"从物件建立曲线工具列"中选择"物件相交"命令 🗗 ，生成一条曲面相交曲线（图2-195），同样方法生成圆管与鼠标主体的相交线。选择放样曲面，单击"分割"命令 🔲 ，再选择上一步第一次生成的相交线，单击右键确定分割，接着删除分割后的小曲面（图2-196），同样将鼠标主体曲面外壳面分割，再删除分割出来的小曲面。

在曲面工具列中，选择"混接曲面"命令 🔩 ，在命令行中单击"连锁边缘"，先选择鼠标主体曲面边缘，再选择分割后的放样曲面，单击右键确定生成混接曲面。

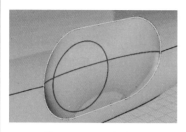

图 2-193　组合曲线

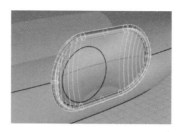

图 2-194　生成圆管

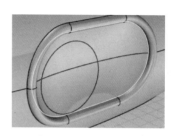

图 2-195　曲面相交线

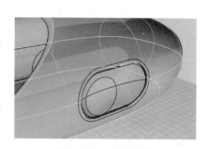

图 2-196　分割曲面

　　选择前面绘制的圆，然后在物件建立曲线工具列中单击"投影"命令 ，在侧视图中单击分割后的曲面作为投影曲面（图 2-197）。选择放样曲面，单击"分割"命令，将放样曲面再次分割，删除分割出来的小圆面（图 2-198）。在曲面边栏工具列中单击"直线挤出"命令，选择分割后的放样曲面圆孔边缘曲线，在"Top"视图中，向右挤出一个曲面（图 2-199）。选择分割后的放样曲面和挤出曲面，单击"组合"命令，将两个曲面组合成一个多重曲面（图 2-200）。

　　TIPS：如果"直线挤出"时，不是想要的水平挤出方向，需要在命令行中单击"方向"，自行设定挤出方向。

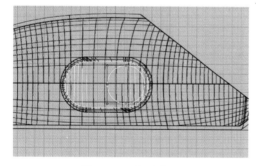

图 2-197　投影曲面

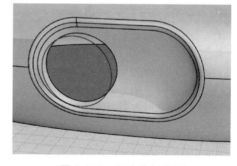

图 2-198　删除分割曲面

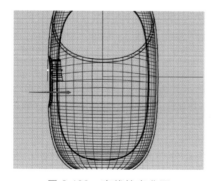

图 2-199　直线挤出曲面

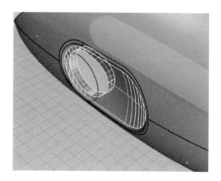

图 2-200　组合曲面

产品设计三维表达

打开端点捕捉，在实体边栏工具列中单击"以直径生成球"命令 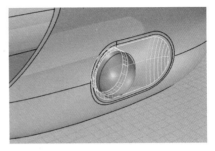，捕捉上一步生成的多重曲面的圆孔端点，绘制一个球体（图 2-201）。选择球体单击"单轴缩放"命令，在"Top"视图中进行缩放（图 2-202）。选择缩放好的球体，单击"旋转"命令，捕捉球体中心点，旋转一定角度（图 2-203），完成鼠标侧面按键制作（图 2-204）。

图 2-201 绘制球体

图 2-202 单轴缩放球体

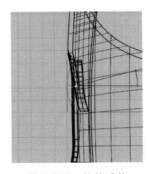

图 2-203 旋转球体

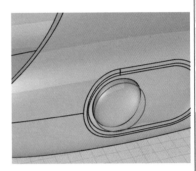

图 2-204 完成按键制作

单击实体工具列中的"边缘圆角"命令，命令行中单击"连锁边缘"（图 2-205），选择上一步组合好的曲面边缘，设置好合适的半径，单击右键确定完成接缝线制作（图 2-206、图 2-207）。

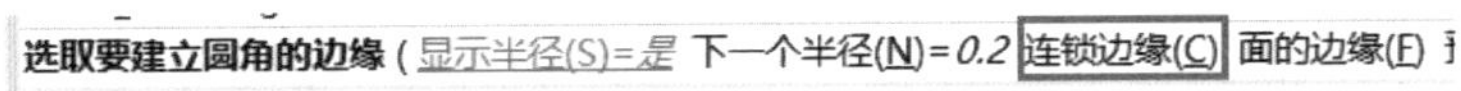

选取要建立圆角的边缘（显示半径(S)=是 下一个半径(N)=0.2 连锁边缘(C) 面的边缘(F)

图 2-205 单击"连锁边缘"

图 2-206 上半部分边缘圆角（1）

图 2-207 上半部分边缘圆角（2）

鼠标右键单击隐藏命令图标（图 2-208），将之前隐藏的物件显示出来（图 2-209）。鼠标白模效果如图 2-210 所示。

图 2-208 显示物件

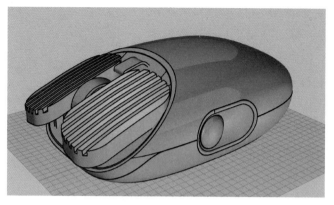

图 2-209　完成鼠标建模

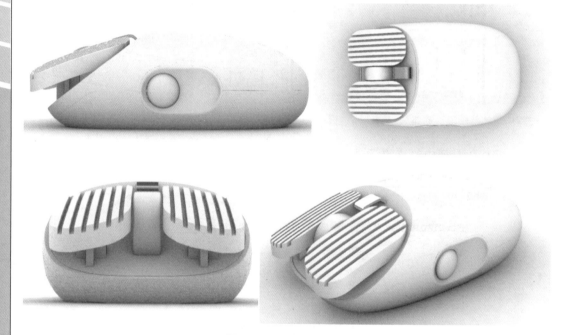

图 2-210　鼠标白模效果

2.3　几何体造型建模分析——外凸削面

2.3.1　外凸削面特征分析

外凸削面特征分析：凸显关键部位，比如图 2-211 所示键盘，通过外凸削面突出键盘按键。

此键盘整体为复古造型，从正侧面看，绿色键盘主体为一个完整圆角矩形拉伸出来的实体，进行了切削，按键虽然数量很多，但大多可以通过复制粘贴完成，按键造型通过外凸削面处理，按键键帽有一定斜度。

05　键盘

图 2-211　键盘

2.3.2　键盘线框绘制

在命令行中输入"picture"命令，导入建模参考图 2-212，新建图层并命名为背景图图层，选择参考图，在新建图层上单击右键选择"改变物件图层"，并单击图层后的锁定按钮，将图层锁定，这样在建模的时候就不会误选中参考图。

单击"中点绘制直线"命令，在参考图片中心位置绘制一条中心辅助建模参考线。单击"中点绘制直线"命令，打开"最近点"捕捉，捕捉中心辅助建模参考线，绘制一条直线。将绘制的直线向下复制一条，在参考图键盘左侧绘制一条直线（图 2-213）。

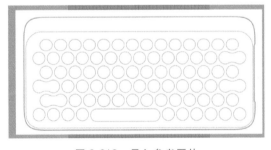

图 2-212　导入参考图片

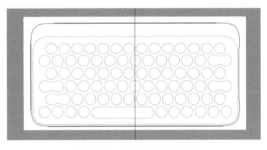

图 2-213　复制/绘制直线

在曲线工具列中选择"可调式混接曲线"命令，依次单击水平直线左端和左侧直线上端点，在选项框中①和②连接性选择"曲率"连接。下面也同样制作混接曲线（图 2-214）。选择左侧直线以及两条混接曲线，单击"镜像"命令，将 3 条曲线镜像至右侧（图 2-215）。

单击"复制"命令，将 4 条直线向内部进行等距复制，继续将复制得到的 4 条直线进行混接曲线（图 2-216）。单击"移动"命令，将内部复制得到的 4 条直线和 4 条混接曲线向下移动一定距离（图 2-217）（这里移动的距离要和上一步复制距离相同）。移动完成后，单击"组合"命令，将其组合为两条多重曲线。

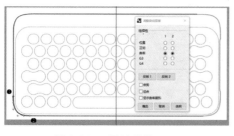

图 2-214　混接曲线（1）

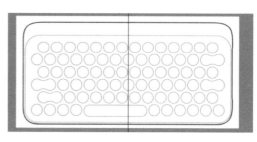

图 2-215　镜像曲线

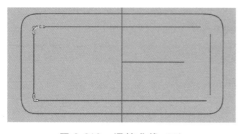

图 2-216　混接曲线（2）

图 2-217　移动曲线

打开端点捕捉，捕捉上一步绘制的 4 条直线端点和复制的 4 条直线端点，垂直方向上绘制垂直辅助线（图 2-218）。捕捉复制的 4 条直线端点，在水平方向上同样绘制水平辅助线（图 2-219）。

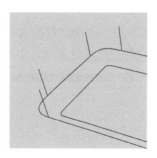

图 2-218　绘制辅助线（1）

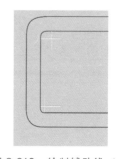

图 2-219　绘制辅助线（2）

选择"可调式混接曲线"命令，依次单击垂直辅助线和水平辅助线的相邻位置，在选项框中①和②连接性选择"正切"（图 2-220），单击右键完成曲线混接。按相同步骤，完成其余混接曲线（图 2-221）。

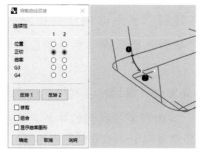

图 2-220　混接选项

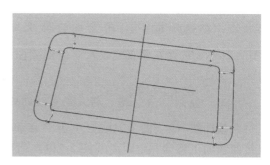

图 2-221　完成混接曲线

产品设计三维表达

2.3.3 键盘基础曲面建模分析

在曲面边栏工具列中单击"双轨扫掠"命令 ![icon]，先选择之前组合好的两条多重曲线作为扫掠轨道，再依次选择上一步完成的 8 条混接曲线，单击右键确定，在双轨扫掠选项中勾选"封闭扫掠"，单击确定完成双轨扫掠（图 2-222）。

选择双轨扫掠曲面，单击"镜像"命令 ![icon]，在水平向上镜像一个曲面（图 2-223）。

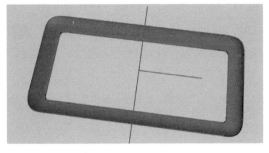

图 2-222　完成双轨扫掠

图 2-223　镜像曲面

单击"平面曲线建立曲面命令" ![icon]，选择曲面边缘，生成平面（图 2-224）。单击"多重直线"命令 ![icon]，在侧视图中绘制一条直线（图 2-225），选择"投影"命令 ![icon]，将绘制的直线投影在键盘基础曲面上。

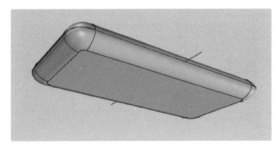

图 2-224　生成平面

图 2-225　绘制直线并投影

选择"混接曲线"命令 ![icon]，在"Top"视图中，连接性都设置为"曲率"连接，生成混接曲线（图 2-226）。

在曲面工具列中选择"合并曲面"命令 ![icon]，命令行中设置"平滑＝否"，将最开始生成的双轨曲面合并为一个单一曲面（图 2-227）。

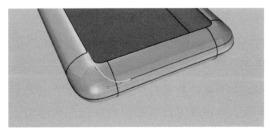

图 2-226　生成混接曲线

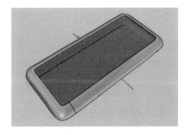

图 2-227　合并曲面

TIPS ：多个单一曲面使用组合命令组合得到的曲面是多重曲面，而满足合并曲面要求的多个单一曲面使用合并曲面命令合并后，依旧是一个单一曲面。组合命令生成多重曲面，原来的接缝线依旧存在，合并曲面命令后生成单一曲面，接缝线只剩一条。

将混接曲线垂直镜像 至另一侧（图 2-228）。选择这两条混接曲线，单击曲线工具列中"拉回曲线"命令 ，单击合并好的曲面，将混接曲线拉回曲面上。同时选择拉回的两条混接曲线和之前直线投影生成的曲线，单击"组合"命令 ，组合成一条多重曲线（图 2-229）。选择合并好的曲面，单击"分割"命令 ，选择组合曲线并单击右键确定，删除小曲面（图 2-230）。在"Top"视图中，用最开始绘制曲线的方法绘制一条曲线，并移动至合适位置（图 2-231）。

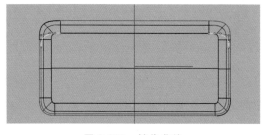

图 2-228 镜像曲线

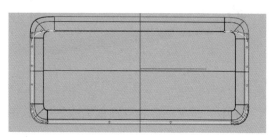

图 2-229 组合曲线

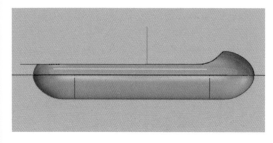

图 2-230 修剪删除曲面

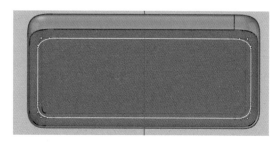

图 2-231 绘制一条曲线

选择图 2-231 所示物件，单击"隔离物件"命令 ，将暂时不操作的物件先隐藏。单击"显示边缘"命令 ，选择曲面并单击右键确定，视图中出现粉色边缘显示。可以看到圆圈处有两个白色圆点，表示该曲面边缘不是一个连续的曲面边缘（图 2-232）。右键单击"分割边缘"即"合并边缘"，将曲面边缘合并（图 2-233）。

TIPS ：通常使用"显示边缘"命令 来观察曲面的实际边缘是否有边缘断点。

选择绘制的曲线，单击"平面曲线建立平面"命令 ，建立平面（图 2-234）。右键单击"分割边缘"即"合并边缘"，将曲面边缘先合并（图 2-235）。

单击"混接曲面"命令 ，在命令行单击"连锁边缘"，紧接着设置"自动连锁＝是"，先选择曲面边缘确定，命令行提示选择第二条边缘时选择平面边缘。先选的第一条曲面边缘就是①，第二条平面边缘就是②。在调整曲面混接选项框中设置数值为"1.0，1.0"，

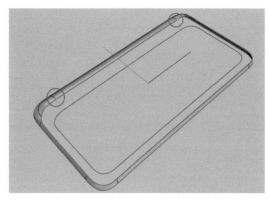

图 2-232　显示边缘

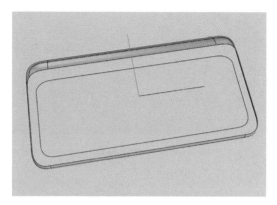

图 2-233　合并曲面边缘

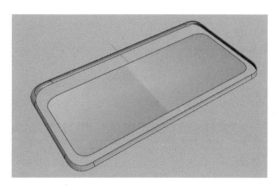

图 2-234　建立平面

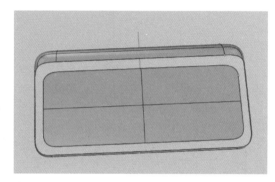

图 2-235　合并边缘

边缘①连接性为"位置"，边缘②连接性为"正切"，其他参数默认。打开中点捕捉，将混接曲面起点设置为图 2-236 中蓝色圆圈所示两个曲面中点位置，单击"确定"完成曲面混接（图 2-237）。放大视图发现混接出来的曲面拐角处，结构线偏多导致曲面有褶皱。在"点的编辑"工具列中单击"移除节点"命令 ，单击混接曲面进行手动曲面优化。移除结构线时如需切换结构线方向（图 2-238），可在命令行中单击"切换"，就可以切换成想要移除的结构线方向（图 2-239），鼠标左键单击要移除的结构线，适当移除结构线完成曲面手动优化（图 2-240）。

　　单击"圆管"命令 ，选择曲线（图 2-241）生成半径大小合适的圆管（图 2-242）。

图 2-236　设置混接曲面起点

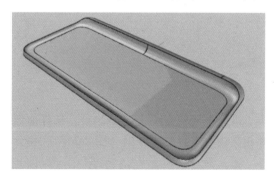

图 2-237　完成曲面混接

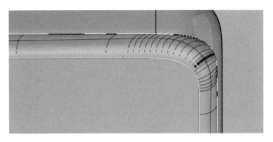
图 2-238 切换结构线方向

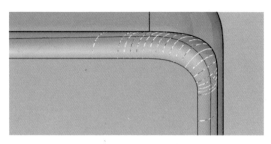
图 2-239 移除结构线

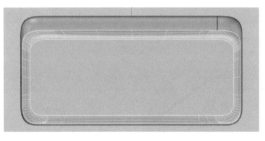
图 2-240 完成曲面优化

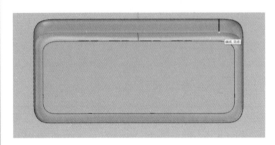
图 2-241 选择曲线

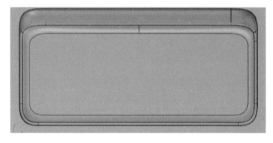
图 2-242 生成圆管

按住【Shift】键，鼠标左键同时选择生成的圆管和优化后的混接曲面（图 2-243），在"物件建立曲线"工具列中单击"物件相交"命令 ，生成相交线（图 2-244）。

图 2-243 选择圆管和优化后的混接曲面

图 2-244 生成相交线

继续生成相交线（图 2-245），选择曲面①、②（图 2-246），单击"分割"命令 ，选择相交线，进行曲面分割（图 2-247），将分割后的小曲面删除（图 2-248）。

单击"显示边缘"命令 ，选择曲面，单击右键确定，视图中出现粉色边缘显示（图 2-249）。右键单击"分割边缘" 即为"合并边缘"将曲面边缘先合并。单击"混接曲面"命令 ，打开中点捕捉，将混接曲面起点设置为两个曲面中点位置（图 2-250），单击"确定"完成曲面混接（图 2-251）。

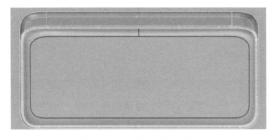

图 2-245　生成相交线

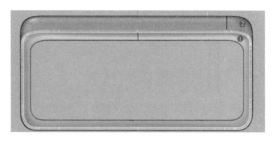

图 2-246　曲面选择

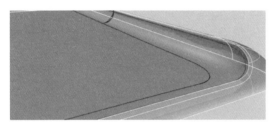

图 2-247　曲面分割

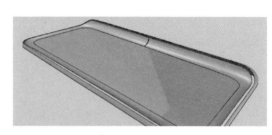

图 2-248　删除小曲面

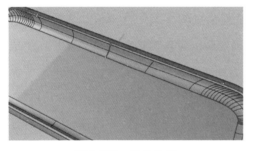

图 2-249　显示边缘

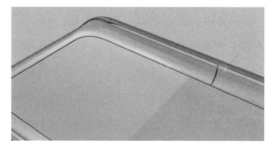

图 2-250　混接曲面起点设置

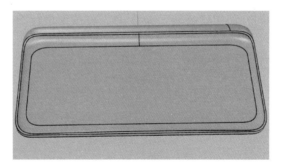

图 2-251　生成混接曲面

2.3.4　按键建模分析

绘制两个圆和一条曲线（图 2-252～图 2-254）。注意第一、二个曲线点位于同一条水平线（图 2-255）。

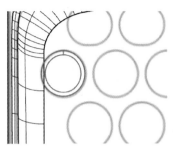

图 2-252 绘制按键建模所需曲线

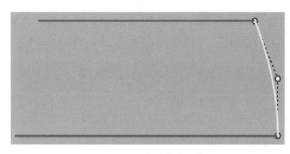

图 2-253 绘制曲线（1）

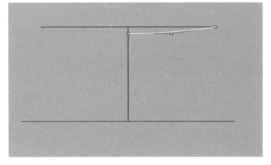

图 2-254 绘制曲线（2）

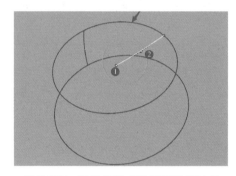

图 2-255 注意旋转成形截面线控制点

　　选择两个圆，单击"双轨扫掠"命令 🐚，生成曲面（图 2-256）。单击"旋转成形"命令 🎮，在命令行起始角度设置为"0"，单击右键确定后，设置旋转角度为"360"，生成旋转面（图 2-257）。单击"组合"命令 🧩，将这两个面组合成一个多重曲面。单击"平面洞加盖"命令 🔗，将多重曲面底面加盖，将加盖的多重曲面向下复制一个（图 2-258）。选择"抽壳"命令 🔷，命令行中设置好合适的厚度，选取第一个按键的加盖曲面，单击右键确定，完成按键外壳（图 2-259）。选择这两个按键曲面，继续复制（图 2-260）。

　　在下一步建模前保证两个按键曲面的接缝线位置是相对向外的（图 2-261），如果接缝线和图 2-261 所示位置不同，使用"旋转"命令 🖊，将按键进行旋转即可。打开端点捕捉，绘制直线（图 2-262）。

　　单击"矩形"命令 ⬜，命令行单击"中心点"，打开中点捕捉，捕捉上一步绘制的直线中点，绘制一个矩形（图 2-263）。选择矩形，单击"修剪"命令 ✂，修剪按键（图 2-264）。

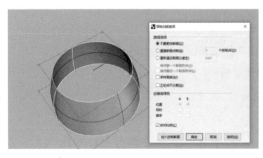

图 2-256 双轨扫掠

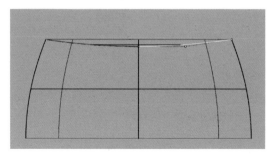

图 2-257 旋转成形

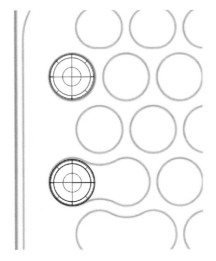

图 2-258　向下复制多重曲面

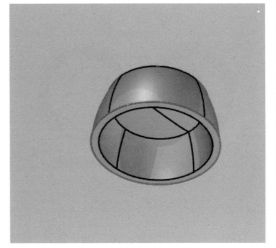

图 2-259　按键底面抽壳

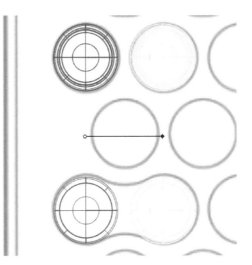

图 2-260　向右复制多重曲面

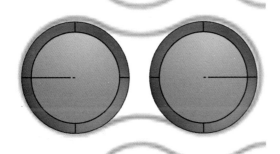

图 2-261　接缝线位置

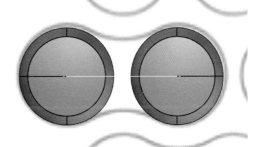

图 2-262　绘制直线

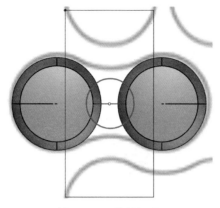

图 2-263　绘制矩形

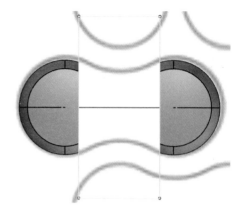

图 2-264　修剪按键

单击"可调式混接曲线"命令 ，连接性都设置为"曲率"连接（图 2-265），生成 4 条混接曲线（图 2-266）。

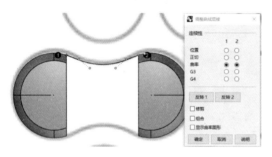

图 2-265　混接曲线设置

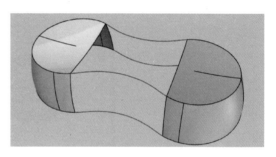

图 2-266　生成混接曲线

单击"双轨扫掠"命令 ，以修剪曲面的曲面边缘为扫掠轨道，混接曲线为扫掠断面，制作连接曲面。在双轨扫掠选项中将连接性设置为"相切"（图 2-267、图 2-268）。如果曲面背面向外，右键单击"分析方向"命令即"反转方向"（图 2-269），将曲面正背面反转。

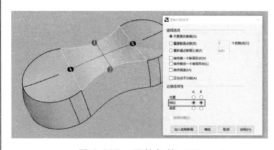

图 2-267　双轨扫掠（1）

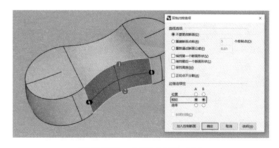

图 2-268　双轨扫掠（2）

单击"平面曲线建立平面"命令 ，选择底部曲面边缘（图 2-270），建立平面（图 2-271）。选择曲面，单击"组合"命令 ，将其组合为一个封闭的多重曲面（图 2-272）。单击选择"抽壳"命令 ，命令行中设置好合适的厚度，选取按键底面（图 2-273），单击右键确定，完成按键抽壳（图 2-274）。

图 2-269　反转方向

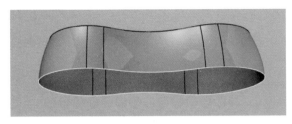

图 2-270　选择底部曲面边缘

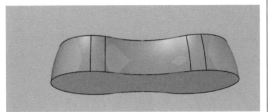

图 2-271　建立平面

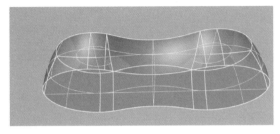

图 2-272　组合曲面

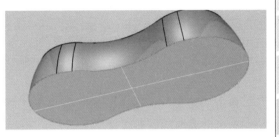

图 2-273　选取抽壳面

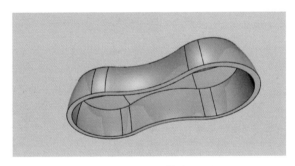

图 2-274　抽壳

单击"边缘圆角"命令，左键选择建好的按键曲面边缘（图 2-275），命令行中设置合适半径，单击右键完成圆角（图 2-276）。

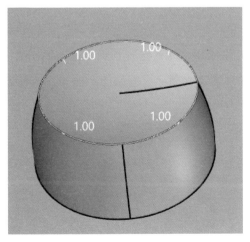

图 2-275　选择边缘

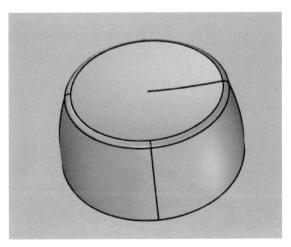

图 2-276　边缘圆角

使用"镜像"命令  和"复制"命令 ⬚⬚，完成按键布局（图 2-277、图 2-278）。在镜像和复制时，注意配合使用"水平置中"命令 ⬚⬚ 和"垂直置中"命令 ⬚ 来对齐按键。

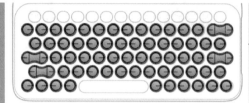

图 2-277　镜像复制　　　　　　　　　　　图 2-278　完成按键布局

2.3.5　空格键建模分析

单击"矩形"命令 ▭，命令行单击"圆角"绘制两个矩形，并"双向置中"对齐 ✦。绘制空格键成面所需曲线（图 2-279）。

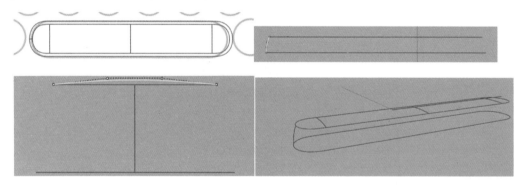

图 2-279　绘制曲线

单击"双轨扫掠"命令 🔄，制作空格键侧面曲面（图 2-280）和空格键顶面中间部分（图 2-281）。单击"单轴缩放"命令 ▯，选择顶面中间部分，以顶面中点为缩放基础点，向两侧放大（图 2-282、图 2-283）。

单击"圆管"命令 🍥，选择上面绘制的圆角矩形，生成一个圆管（图 2-284）。选择圆管和顶面（图 2-285），单击"物件相交"命令 ▱，生成相交线。选择顶面，单击"分割"命令 ⬚，选择箭头所指相交线（图 2-286），完成顶面分割，删除分割后的小曲面，同样方法将侧面进行曲面分割处理（图 2-287）。

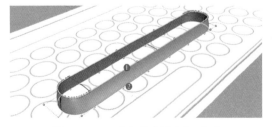
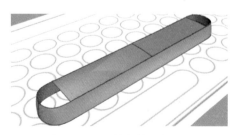

图 2-280　双轨扫掠制作侧面曲面　　　　　图 2-281　双轨扫掠制作顶面

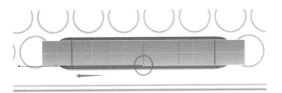

图 2-282　单轴缩放

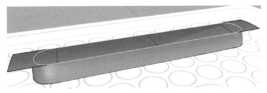

图 2-283　向两侧放大

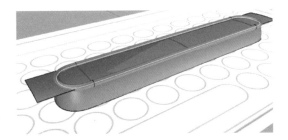

图 2-284　生成圆管

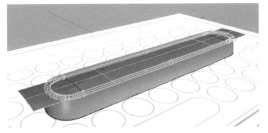

图 2-285　选择曲面

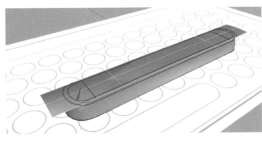

图 2-286　分割顶面

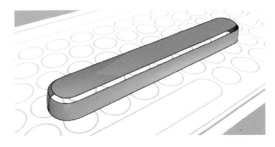

图 2-287　删除曲面

单击 "显示边缘" 命令 🔰，选择曲面，单击右键确定，视图中出现粉色边缘显示。

右键单击 "分割边缘" 🔩 即 "合并边缘" 将曲面边缘先合并 (图 2-288)。单击 "混接曲面" 命令 🔁，打开中点捕捉，将混接曲面起点设置为两个曲面中点位置，连续性设置为 "曲率" 连接，单击 "确定" 完成曲面混接 (图 2-289)。

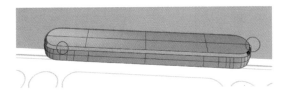

图 2-288　合并边缘

图 2-289　混接曲面

单击 "组合" 命令 🧩 组合曲面，选择组合好的曲面，单击 "将平面洞加盖" 命令 🗂️，完成空格键曲面实体化 (图 2-290)。单击 "抽壳" 命令 🔩，选择底面 (图 2-291)，命令行设置合适厚度，单击右键确定完成抽壳 (图 2-292)。右键单击 "隐藏物件" 命令 💡 即为 "显示物件"，将之前隐藏的物件全部显示出来 (图 2-293)。

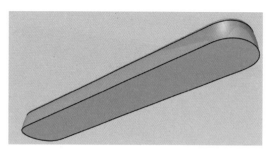

图 2-290　空格键底面加盖

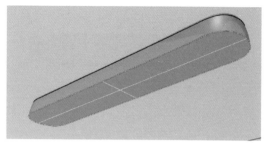

图 2-291　选择抽壳面

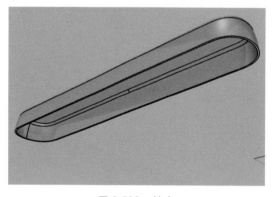

图 2-292　抽壳

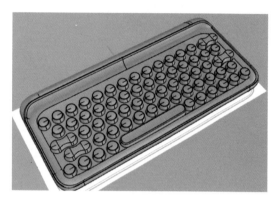

图 2-293　显示隐藏物件

2.3.6　第一排按键建模分析

根据按键布置，镜像一个按键到第一排（图 2-294）。捕捉按键中心点，绘制一条直线（图 2-295）。选择直线，单击"修剪"命令 ，将按键右侧修剪掉（图 2-296）。单击"镜像"命令 将修剪好的按键，沿垂直方向镜像一个（图 2-297）。

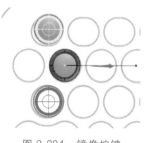

图 2-294　镜像按键

图 2-295　绘制直线

图 2-296　修剪曲面

图 2-297　镜像曲面

在曲面边栏工具列中，单击"直线挤出"命令 ，选择修剪曲面的曲面边缘并单击右键确定（图 2-298）。打开端点捕捉，将挤出曲面终点捕捉到右侧的修剪曲面端点上，向右挤出一个曲面然后组合（图 2-299）。如果挤出方向不是水平向右，可在命令行中单击"方向"，自行设定挤出方向。将组合好的曲面按参考图按键位置移动（图 2-300）。将移动好的按键向右复制一个（图 2-301）。

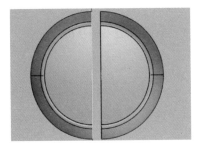

图 2-298　选择曲面边缘

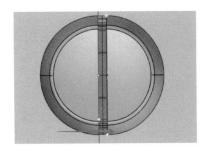

图 2-299　挤出曲面

图 2-300　移动曲面

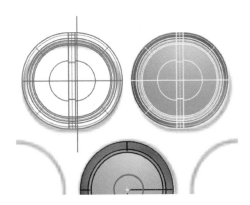

图 2-301　复制按键

单击"镜像"命令 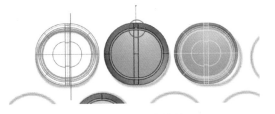 ，将第一个按键沿圆圈处中点镜像一个（图 2-302），后续使用"镜像命令"完成第一排按键制作（图 2-303）。

图 2-302　镜像按键

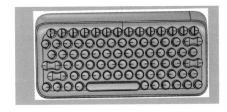

图 2-303　完成第一排按键

键盘制作完成（图 2-304、图 2-305）。

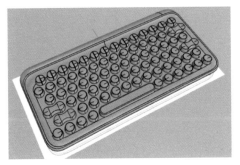

图 2-304　完成图（1）

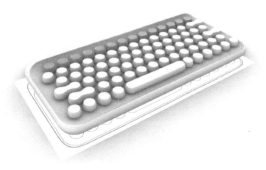

图 2-305　完成图（2）

2.4 几何体造型建模分析——钻石造型切面

2.4.1 钻石切面分析

06 显示器

钻石造型切面特征：简洁的折线，大面积平整切面以及轮廓鲜明的折角。图 2-306 所示音箱为基础的钻石切面造型。

图 2-306 简单钻石切面

图 2-307 所示为显示器的外观造型，通过钻石切面，整体设计非常具有金属质感和硬朗风格。

图 2-307 复杂钻石切面

2.4.2 显示器屏幕建模

单击"矩形"命令 ▢，绘制一个矩形。单击"垂直置中"命令 ▤，命令行输入"0"，将矩形垂直置中于绿轴上（图 2-308）。命令行单击"通过点"，通过鼠标左键在视窗中拖移确定偏移距离。选择偏移好的矩形，单击"单轴缩放"命令 ▤，命令行设置"复制＝是"（图 2-309），打开端点捕捉，捕捉偏移好的矩形上端点作为基准点（图 2-310），进行单轴缩放（图 2-311）。选择缩放后的矩形，单击"偏移曲线"命令 ↷，继续偏移一个矩形（图 2-312）。单击绘制"矩形"命令 ▢，打开端点捕捉，绘制一个小矩形（图 2-313）。

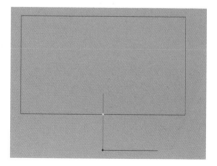

图 2-308 绘制矩形

产品设计三维表达

基准点，请按 Enter 键自动设置。（复制(<u>C</u>)=是 硬性(<u>R</u>)=否）:

图 2-309　设置单轴缩放为"复制=是"

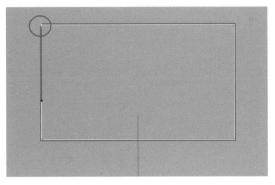

图 2-310　捕捉缩放基准点

图 2-311　完成单轴缩放

图 2-312　偏移矩形

图 2-313　绘制小矩形

单击绘制"矩形"命令 ⬚，打开端点捕捉，继续绘制一个大矩形（图 2-314）。在"Top"视图中，将其向上复制一个（图 2-315）。选择复制后的矩形，单击"偏移曲线"命令 ⟆，继续向内部偏移一个矩形（图 2-316）。

图 2-314　绘制大矩形

图 2-315　向上复制矩形

图 2-316　偏移曲线

选择两个大矩形（图 2-317），单击"放样"命令 ⬚，设置放样选项（图 2-318），单击"确定"完成放样（图 2-319）。选择两个矩形（图 2-320），单击"平面曲线生成曲面"命令 ⬚，生成一个平面（图 2-321）。

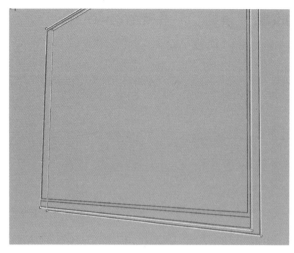

图 2-317　选择放样两个大矩形

图 2-318　放样选项

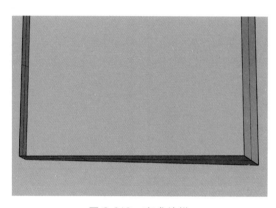

图 2-319　完成放样

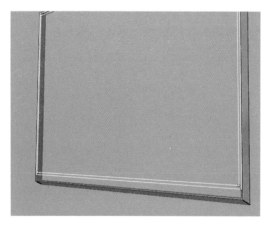

图 2-320　选择两个矩形

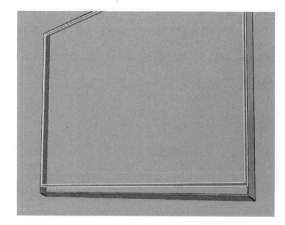

图 2-321　生成平面

　　继续选择两个矩形，单击"平面曲线生成曲面"命令 生成平面（图 2-322）。单击"平面曲线生成曲面"命令 生成屏幕曲面（图 2-323）及装饰条曲面（图 2-324）。

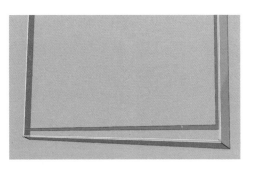

图 2-322　生成平面

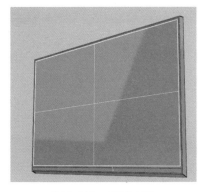

图 2-323　屏幕曲面

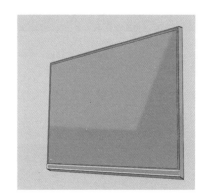

图 2-324　装饰条曲面

选择两个矩形（图 2-325），单击"放样"命令 ，生成放样曲面（图 2-326）。将这两个矩形继续复制一份（图 2-327）。

图 2-325　选择两个矩形

图 2-326　生成放样曲面

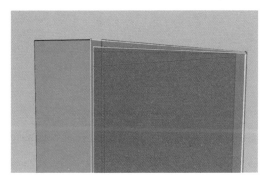

图 2-327　复制矩形

继续选择两个矩形（图 2-328），单击"放样"命令 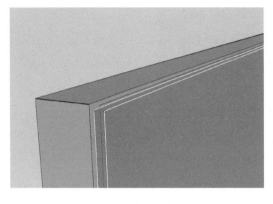，生成放样曲面（图 2-329）。

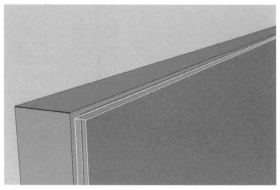

图 2-328　选择两个矩形　　　　　　　　　　图 2-329　放样曲面

继续选择两个矩形（图 2-330），单击"平面曲线生成曲面"命令 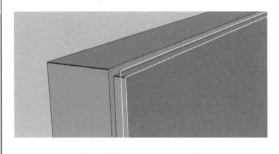，生成曲面（图 2-331）。

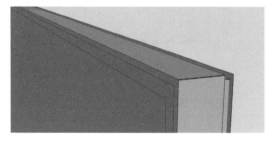

图 2-330　选择两个矩形　　　　　　　　　　图 2-331　生成曲面

选择矩形（图 2-332），在曲面边栏中单击"直线挤出"命令 ，命令行中设置"两侧＝否，实体＝否"挤出曲面（图 2-333）。

图 2-332　选择矩形　　　　　　　　　　　　图 2-333　挤出曲面

在侧视图中绘制一条稍带倾斜角度的直线（图 2-334），保证直线上下端点分别与最后一步直线挤出曲面的上下边缘处于同一水平线上，在前视图中使用"垂直置中"命令 将其与之前所建曲面居中对齐（图 2-335）。

图 2-334　绘制直线

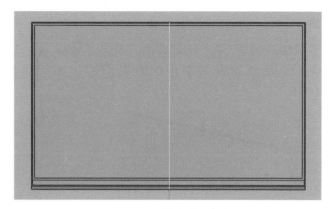

图 2-335　居中对齐直线

2.4.3　显示器后盖建模

打开端点捕捉，捕捉最后一步直线挤出曲面的端点，绘制 4 条直线（图 2-336、图 2-337）。

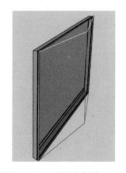

图 2-336　绘制直线（1）

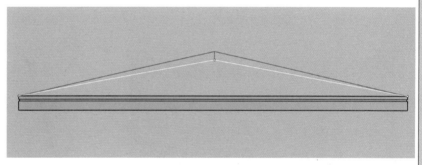

图 2-337　绘制直线（2）

单击"平面曲线生成曲面"命令 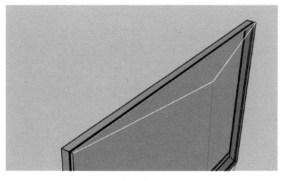，选择直线挤出曲面的曲面边缘与两条直线（图 2-338），单击右键确定，生成平面（图 2-339）。

图 2-338　选择曲面边缘和直线

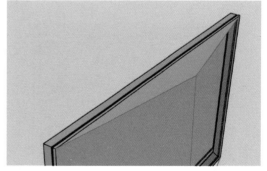

图 2-339　生成平面

在曲面边栏工具列中单击"以 2，3，4 个边缘曲线建立曲面" ，构建显示器背面曲面（图 2-340）。单击"平面曲线生成曲面"命令 ，构建底面（图 2-341）。绘制直线（图 2-342），单击"投影"命令 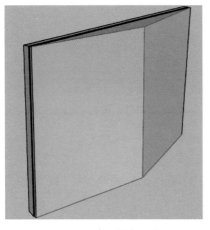，然后投影至显示器背面（图 2-343）。将投影生成的曲线镜像至另一边，选择背面，单击"分割"命令 🔲，分割并删除曲面（图 2-344、图 2-345）。打开端点捕捉，在侧视图中，捕捉修剪曲面的端点，绘制一条直线（图 2-346）。

产品设计三维表达

图 2-340　显示器背面曲面

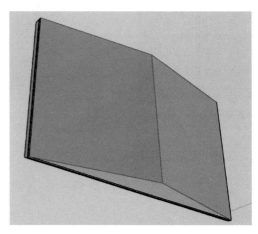

图 2-341　显示器底面

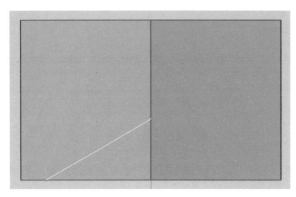

图 2-342　绘制直线

图 2-343　投影曲线

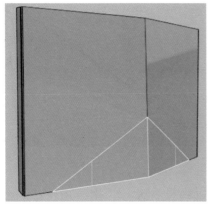

图 2-344　分割曲面

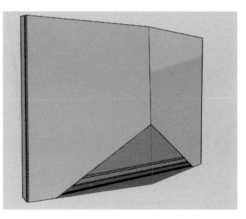

图 2-345　删除小曲面

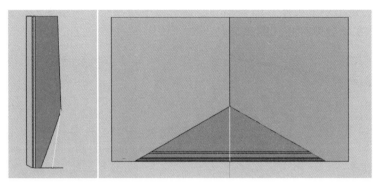

图 2-346　绘制直线

打开端点捕捉，绘制直线（图 2-347），镜像直线（图 2-348）。选择直线，单击"修剪"命令 ，修剪底部曲面（图 2-349）。

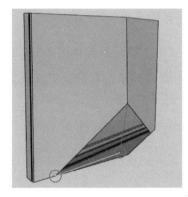

图 2-347　绘制直线

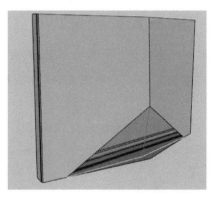

图 2-348　镜像直线

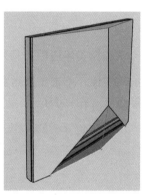

图 2-349　修剪底部曲面

在曲面边栏工具列中单击"以 2，3，4 个边缘曲线建立曲面" ，选择三条曲线（图 2-350），单击右键确定生成曲面并镜像（图 2-351）。在侧视图中绘制曲线（图 2-352）。

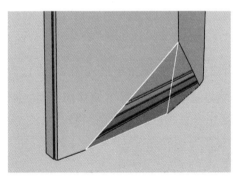

图 2-350　选择三条曲线

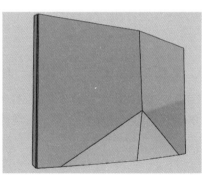

图 2-351　建立曲面

图 2-352　绘制曲线

2.4.4　显示器支架建模

选择曲线，在实体边栏工具列中选择"直线挤出"命令 ，命令行中设置"两侧=

是，实体＝是"，挤出一个实体（图 2-353）。侧视图中绘制一个圆角矩形，并将其与上一步直线挤出的实体水平置中对齐（图 2-354）。

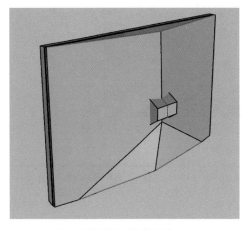

图 2-353 挤出实体

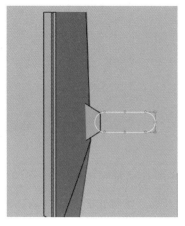

图 2-354 绘制圆角矩形

选择实体边栏工具列中的"直线挤出"命令 挤出实体（图 2-355），选择图 2-353 所示的实体，单击布尔运算"差集" ，选择图 2-355 所示挤出实体，单击右键确定完成差集运算（图 2-356）。

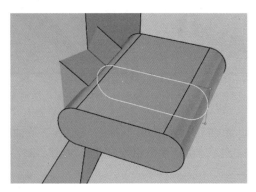

图 2-355 挤出实体

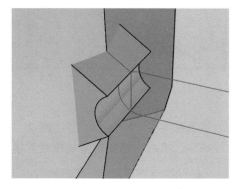

图 2-356 布尔运算差集

选择圆角矩形，单击"偏移曲线"命令 ，向内部偏移一个圆角矩形（图 2-357）。在实体边栏工具列中选择"直线挤出"命令 ，打开端点捕捉，直线挤出偏移的圆角矩形，捕捉图 2-356 中布尔运算好的实体端点，单击右键确定完成直线挤出（图 2-358）。

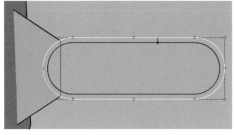

图 2-357 偏移圆角矩形

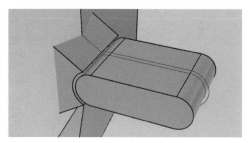

图 2-358 直线挤出圆角矩形

产品设计三维表达

在"Top"视图绘制曲线（图 2-359），在实体边栏工具列中选择"直线挤出"命令 ，"两侧 = 是，实体 = 是"，挤出一个实体（图 2-360）。选择圆角矩形挤出的实体，单击布尔运算"差集"命令 做实体差集运算（图 2-361）。

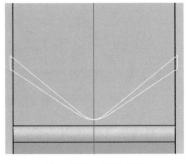

图 2-359　绘制曲线　　　　　　图 2-360　挤出实体　　　　　　图 2-361　布尔运算差集

绘制两条直线，位置如图 2-362~图 2-364 所示。

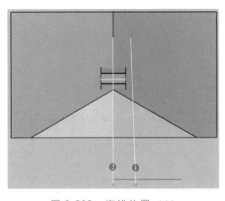
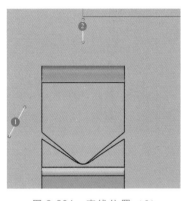

图 2-362　绘制两条直线　　　　图 2-363　直线位置（1）　　　　图 2-364　直线位置（2）

单击"放样"命令 ，依次在相邻位置单击曲线①、②，设置样式为"标准"（图 2-365），单击"确定"完成放样，并镜像至另一侧（图 2-366）。

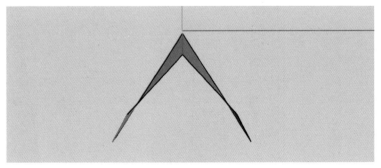

图 2-365　放样选项　　　　　　　　　　图 2-366　放样并镜像

单击"放样"命令 ，依次在相邻位置单击曲面边缘（图 2-367），生成放样曲面（图 2-368）。将三个曲面选中并用"组合"命令 组合成一个多重曲面（图 2-369）。

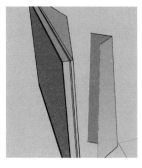
图 2-367 曲面边缘

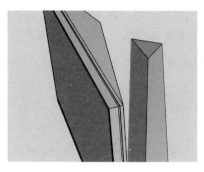
图 2-368 放样曲面

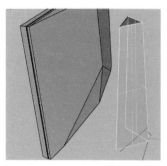
图 2-369 组合曲面

捕捉端点，绘制直线（图 2-370）并修剪 多重曲面。继续绘制两条直线（图 2-371）。单击"边缘圆角"命令 ，设置合适半径，将图 2-372 所示曲面边缘圆角化。

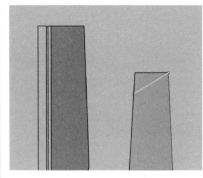
图 2-370 绘制直线（1）

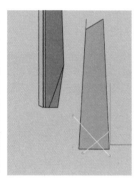
图 2-371 绘制直线（2）

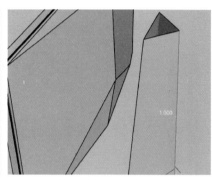
图 2-372 边缘圆角

选择上一步绘制的两条直线继续修剪多重曲面（图 2-373），单击"放样"命令 ，将显示器支架下部修剪掉的部分补面（图 2-374）。单击"平面曲线生成曲面"命令 ，构建显示器支架底面（图 2-375）和顶面（图 2-376）。单击"组合"命令 ，将显示器支架所有曲面组合为一个多重曲面（图 2-377）。

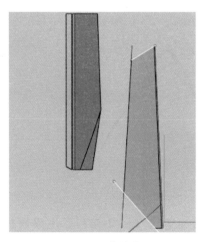
图 2-373 修剪曲面

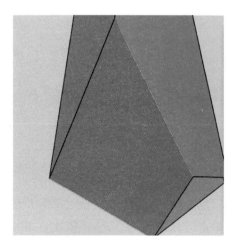
图 2-374 放样补面

产品设计三维表达

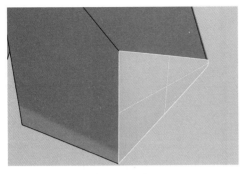

图 2-375 底面

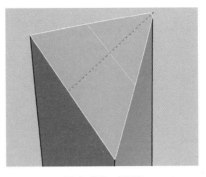

图 2-376 顶面

图 2-377 组合曲面

单击"抽壳"命令 ，选择三个曲面（图 2-378），设置合适的抽壳厚度（抽壳的厚度一定要记好，后边建模还会用到这个数值），单击右键确定完成抽壳（图 2-379）。

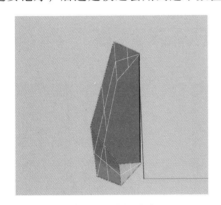

图 2-378 选择抽壳面

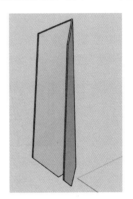

图 2-379 完成抽壳

在侧视图中绘制曲线（图 2-380），单击"直线挤出"命令 ，命令行设置"两侧 = 是，实体 = 是"挤出一个实体（图 2-381）。选择上一步抽壳好的实体曲面，单击布尔运算"差集"命令 ，再单击挤出曲面，单击右键确定完成差集运算（图 2-382）。

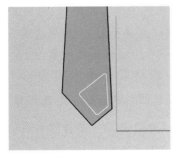

图 2-380 绘制曲线

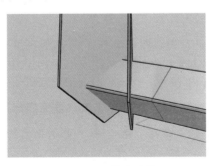

图 2-381 挤出实体

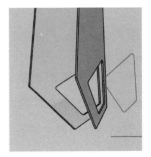

图 2-382 布尔运算差集

单击"放样"命令 ，选择两条曲面边缘放样（图 2-383）。单击"平面曲线生成曲面"命令 ，将支架内部结构架加盖（图 2-384）。选择两个加盖平面与放样面，单击"组合"命令 组合为一个多重曲面。

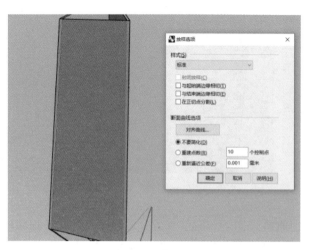

图 2-383　放样曲面

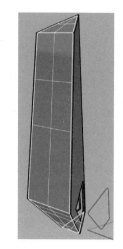

图 2-384　组合加盖曲面

在侧视图中绘制一条曲线（图 2-385），单击"直线挤出"命令 ，命令行设置"两侧＝是，实体＝是"挤出一个实体（图 2-386）。

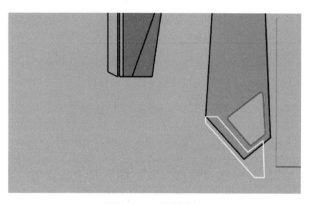

图 2-385　绘制曲线

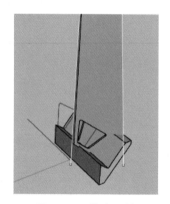

图 2-386　挤出实体

选择最开始支架建模绘制的两条直线，单击"放样"命令 生成一个曲面（图 2-387）。选择曲面，单击"偏移曲面"命令 ，命令行设置"实体＝否"，如果法线方向朝外（图 2-388），在曲面上单击左键将曲面方向反向（图 2-389），偏移距离设置为上一步做支架抽壳的厚度，向内偏移一个曲面（图 2-390）。将偏移好的曲面镜像一个（图 2-391），单击"曲面延伸"命令 ，单击偏移曲面底部边缘延伸一定距离（图 2-392）。选择延伸好的两个曲面并单击"修剪"命令 ，修剪挤出物件（图 2-393）。选择修剪后的挤出物件，单击"修剪"命令 ，修剪延伸曲面，将两者组合（图 2-394）。

2.4.5　显示器支承脚建模

使用"抽离结构线"命令 ，单击组合好的曲面抽离一条结构线（图 2-395）。打开端点捕捉，使用"多重直线"命令 绘制一条直线（图 2-396）。

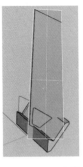 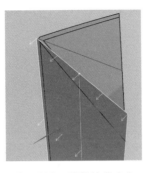 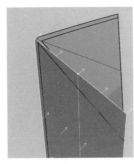 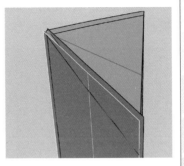

图 2-387　放样　　图 2-388　调整法线方向　　图 2-389　法线向内　　图 2-390　向内偏移曲面

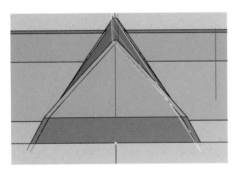 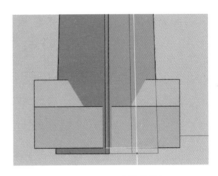

图 2-391　镜像曲面　　　　　　　　　图 2-392　延伸曲面

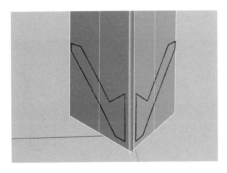 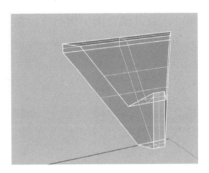

图 2-393　修剪曲面　　　　　　　　　图 2-394　组合曲面

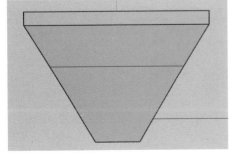 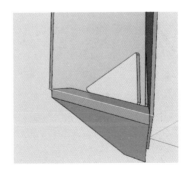

图 2-395　抽离结构线　　　　　　　　图 2-396　绘制直线

在侧视图中，使用"多重直线"命令 🖉 绘制第一条支承脚直线（图 2-397）。在"Top"视图和前视图中调整曲线形状（图 2-398、图 2-399）。

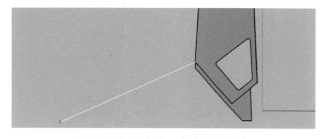

图 2-397　绘制第一条支承脚直线

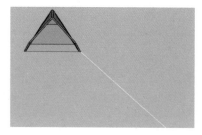

图 2-398　调整曲线形状（1）

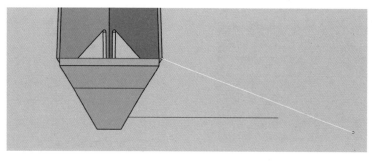

图 2-399　调整曲线形状（2）

使用"多重直线"命令 🖉 继续绘制直线（图 2-400），绘制第二条支承脚直线（图 2-401）。在其他视图中调整支承脚直线形状（图 2-402、图 2-403）。

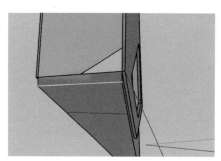

图 2-400　绘制直线（1）

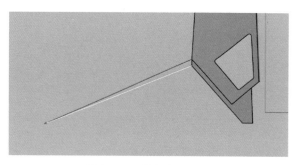

图 2-401　绘制直线（2）

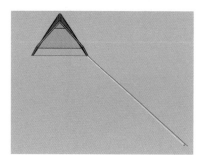

图 2-402　调整支承脚直线形状（1）

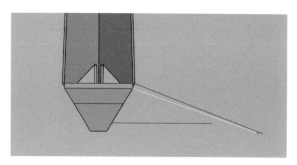

图 2-403　调整支承脚直线形状（2）

打开端点捕捉，往下复制 第二条支承脚直线①（图 2-404）。单击"放样"命令 ，依次选择两条直线相邻位置，单击右键完成放样曲面（图 2-405）。

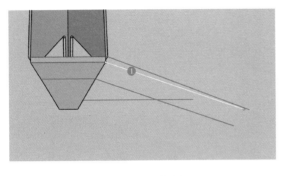

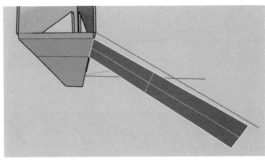

图 2-404　复制

图 2-405　放样曲面

单击"放样"命令 ，继续放样曲面（图 2-406），单击"单轨扫掠"命令 ，选择直线①为扫掠轨道，直线②为断面，单击右键完成曲面建模（图 2-407）。

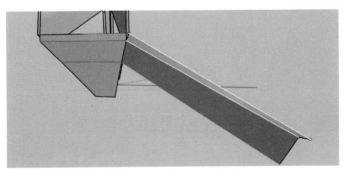

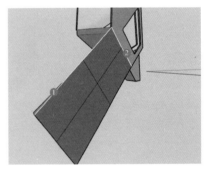

图 2-406　放样曲面

图 2-407　单轨扫掠

在侧视图中绘制一条直线（图 2-408），并用直线修剪曲面（图 2-409）。

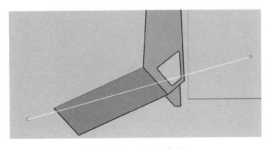

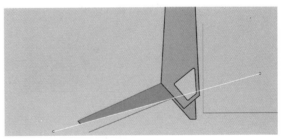

图 2-408　绘制直线

图 2-409　修剪曲面

使用"放样"命令 完成支承脚建模（图 2-410）。绘制直线（图 2-411），继续修剪支承脚（图 2-412）。继续使用"放样"命令 ，补全支承脚修剪曲面（图 2-413）。

图 2-414 所示箭头所指处需要补面。右键单击"分割"命令，"以结构线分割曲面"命令（图 2-415）分割曲面（图 2-416、图 2-417）。将多余的面删除（图 2-418）。如果分割方向不对，在命令行中单击"切换"来调整分割方向（图 2-419）。

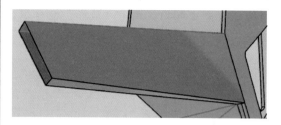

图 2-410　放样

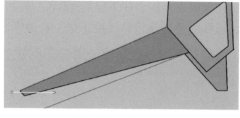

图 2-411　绘制直线

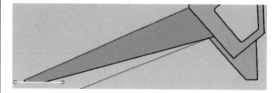

图 2-412　修剪曲面

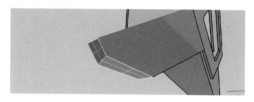

图 2-413　放样补面

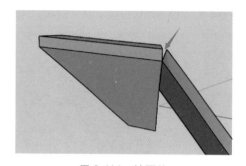

图 2-414　缺面处

图 2-415　以结构线分割曲面

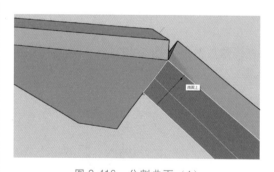

图 2-416　分割曲面（1）

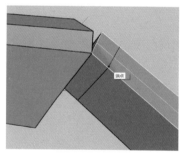

图 2-417　分割曲面（2）

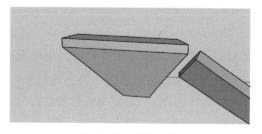

图 2-418　删除曲面

分割点（方向(**D**)＝U 切换(**T**) 缩回(**S**)＝否）：

图 2-419　调整分割方向

选择"混接曲线"命令 ，命令行中设置连续性为"正切"（图 2-420），生成 4 条混接曲线（图 2-421）。单击"单轨扫掠"命令 ，生成一个曲面（图 2-422）。单击"双轨扫掠"命令 ，完成剩余的曲面建模（图 2-423）。选择完成的支承脚曲面，单击"组合"命令 组合为一个多重曲面（图 2-424），组合完后使用"镜像"命令 垂直镜像一个多重曲面（图 2-425）。

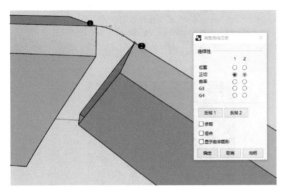

图 2-420　混接曲线（1）

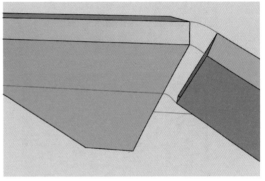

图 2-421　混接曲线（2）

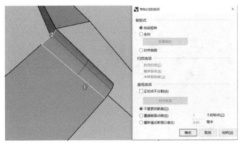

图 2-422　单轨扫掠

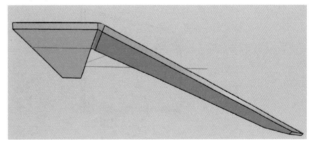

图 2-423　双轨扫掠

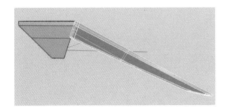

图 2-424　组合曲面

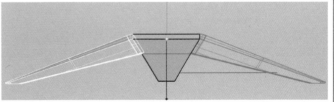

图 2-425　镜像多重曲面

2.4.6　显示器细节建模

继续完善支架模型，单击"修剪"命令，选择曲面修剪箭头所指曲面（图 2-426），完成曲面修剪（图 2-427）。单击"边缘圆角"命令 ，完成支架及支承脚曲面圆角处理（图 2-428、图 2-429），完成显示器建模（图 2-430）。

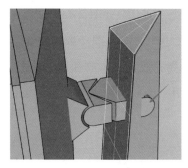

图 2-426　曲面修剪（1）

图 2-427　曲面修剪（2）

图 2-428　边缘圆角（1）

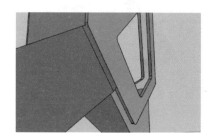

图 2-429　边缘圆角（2）

图 2-430　完成图

软件学习，真的没有那么难——软件学习自信心的建立

相信大家学习完两章的内容，对 Rhino 已经有了一定的了解。不知道大家发现没有，开头的两章内容还是比较简单的，每章在开头列出了目标和重点，也为大家介绍了不同外观产品的建模思路。不知道大家是否对建模思路有了一定的理解呢？有的同学可能会发现，在每个产品建模前，都会有一个分析的过程。其实很多同学之所以觉得 Rhino 难学，就是缺少了这个分析过程。

软件的学习就是培养软件应用思路的过程，任何一种设计软件都是如此。我们在学习的时候，首先需要学习该软件的常用基本命令，在此基础上有针对性地选择案例进行学习及练习，在互联网时代，网络资源十分丰富，建议大家先将基础教程先学习一遍，这样在学习案例的时候不至于找不到案例中所用到的命令。初学者经常出现一个问题就是工具命令找不到，导致学习效率较低，进而影响学习兴趣。其次，可以尝试着将以前自己设计过的作品用 Rhino 进行表达，或者寻找一些网络中的产品进行练习。切记，不要在一开始就选择太难的产品，尽可能地避免为自己创造无意义的失败体验，毕竟我们只是初学者。再次，前期学习遇到问题时先思考下为什么会出错，以 Rhino 为例，如果出现曲面构建达不到预期或者出错，那一般是构成曲面的边或者线出了问题，按这个思路去检查边或者线，勇敢地直面问题，专注于利用一切已有的方法和途径，而不是陷入气馁的情绪，那么多数问题都会迎刃而解。自己解决软件学习中出现的问题会极大地提升学习兴趣，也能够从根本上锻炼、提升自己解决问题的能力，从根本上提升软件学习的自信心。这种自信心和解决问题的能力，对大家今后的工作有莫大的帮助。

通过大量从简单到复杂的练习，随着解决的问题不断增多，同学们会发现建模的速度越来越快，有一种豁然开朗的感觉，同时亲身思考问题、面对问题并最终解决问题所带来的成长及自信心也使大家相信，学会 Rhino 并没有想象中那么难！并且随着软件应用越来越熟练，在绘制方案时也不必再担心后续地建模渲染问题，甚至可以配合 3D 打印，对草模进行方案评估，使整个设计不断完善。这个过程是非常有趣的，也能够极大程度地再次提升大家对于软件学习的自信心。

最后，编者想说，Rhino 并不难，欢迎大家一起畅游在三维的海洋。

第 **3** 章

包裹造型建模分析

▣》【学习目标】

1) 了解包裹造型特征。
2) 掌握包裹造型曲面大型建模方法。
3) 学会产品曲面实体化及细节处理。
4) 熟悉包裹造型建模的一般建模流程。

▣》【学习重点】

1) 空间曲线的绘制。
2) 曲线生成曲面的命令应用选择。
3) 曲面实体化抽壳的方法。

包裹造型广泛应用于各种科技产品和电子产品,它具有强烈的现代科技感,造型饱满充实,很有深度内涵的感觉。包裹造型也是产品设计绕不开的一种造型语言,因此掌握包裹造型语言的建模方式是非常有必要的。

3.1 单侧包裹建模分析

单侧包裹是包裹造型的基本形式,非常简洁,但效果赏心悦目,既有科技感,又不失现代感。这种形式的包裹造型广泛运用于现代科技产品之中,例如图 3-1 所示的电子设备、数码产品等。

3.1.1 产品大面造型建模

在多边形工具列中单击"外切正方形"命令 ▣ ,命令行输入"0",设置"边数=4",在"Front"视图坐标轴原点绘制一个正方形,正方形边长设置为"21"。打开端

| 07 产品大面造型 | 08 异形单侧包裹 |

图 3-1　包裹造型产品

点捕捉，捕捉正方形端点，在另一个视图使用"旋转"命令 ，命令行设置"复制 = 是"，旋转复制一个正方形（图 3-2）。在实体边栏工具列中单击"直线挤出"命令 ，命令行设置"实体 = 是"，挤出一个实体，挤出长度为正方形的宽度（图 3-3）。

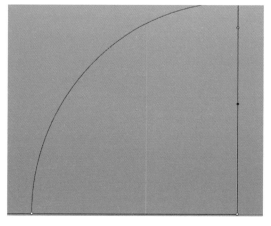

图 3-2　旋转复制

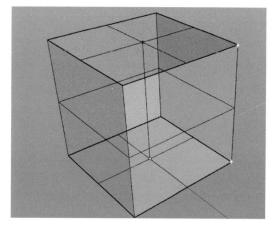

图 3-3　挤出实体

单击"边缘圆角"命令 ，设置合适半径为"2"，将正方体圆角处理（图 3-4）。

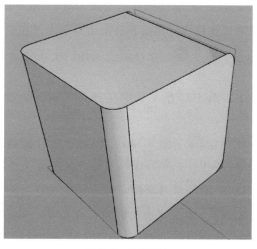

图 3-4　边缘圆角

3.1.2 实体抽壳

将圆角后的正方体先复制 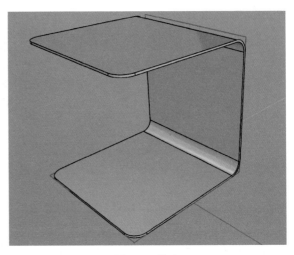一份，单击"抽壳"命令 ，选择圆角正方体的三个侧面，设置合适厚度为"0.3"，单击右键确定完成抽壳（图3-5）。

单击"粘贴"命令 ，选择粘贴回来的圆角正方体（图3-6），再单击"分割"命令 ，最后选择抽壳后的正方体，单击右键确定完成分割并删除不要的曲面（图3-7）。

图 3-5　抽壳

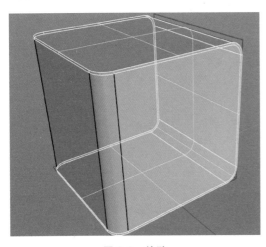

图 3-6　粘贴

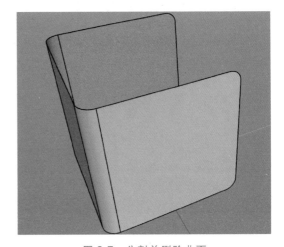

图 3-7　分割并删除曲面

单击"抽离曲面"命令 ，命令行设置"复制＝是"，选择抽壳物件的内部曲面抽离并复制一份（图3-8）。同时选择抽离复制面和分割面，单击"组合"命令 ，组合成一个实体（图3-9）。单击"抽壳"命令 ，选择组合实体的上下侧面三个面（图3-10），完成抽壳（图3-11）。

两个抽壳实体完成制作，图3-12所示为两个抽壳实体的位置关系，图3-13所示为完成图。

选择第二次抽壳物件并锁定 （图3-14），单击"边缘圆角"命令 ，命令行单击"下一个半径"，设置半径为"0.05"，单击连锁边缘，选择第一个抽壳物件曲面边缘，单击右键确定完成圆角（图3-15）。单击"对调锁定与未锁定物件"命令 ，将第一个和第二个抽壳物件对调锁定（图3-16），单击"边缘圆角"命令 ，命令行单击"下一个半径"，设置半径为"0.05"，单击"连锁边缘"，选择第二个抽壳物件曲面边缘，单击右键确定完成圆角（图3-17）。

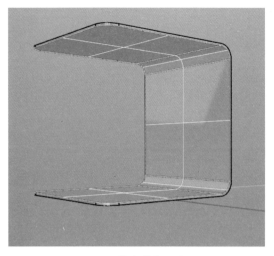

图 3-8 抽离并复制曲面

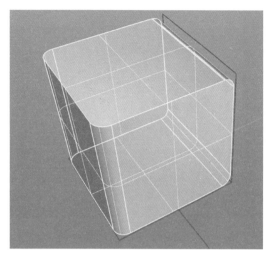

图 3-9 组合曲面

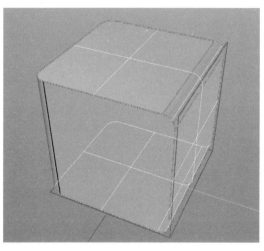

图 3-10 选择抽壳面

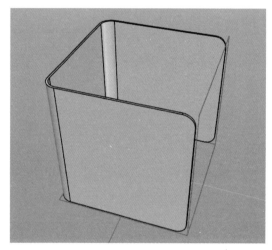

图 3-11 抽壳

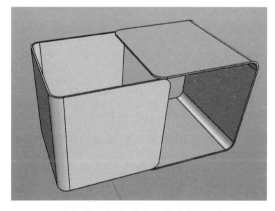

图 3-12 两个抽壳实体位置关系

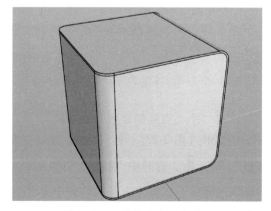

图 3-13 两个抽壳实体完成图

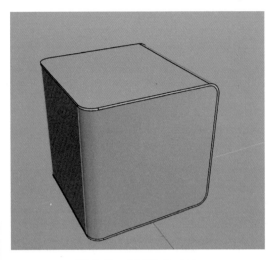

图 3-14　锁定物件（1）

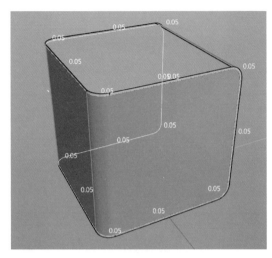

图 3-15　边缘圆角（1）

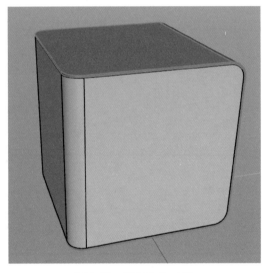

图 3-16　锁定物件（2）

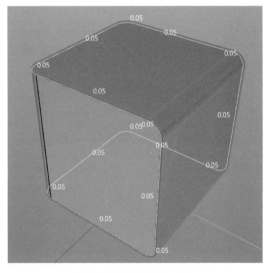

图 3-17　边缘圆角（2）

右键单击"锁定物件"即"解除锁定物件"命令（图 3-18）。

图 3-19、图 3-20 所示为单侧包裹的大面建模完成效果。图
3-21、图 3-22 所示为白模效果。

🖱 锁定物件
🖱 解除锁定物件

图 3-18　右键解除锁定物件

3.1.3　异形单侧包裹产品大面造型建模

单击"中心点绘制矩形"命令 🔲，命令行输入"0"，在"Front"视图坐标轴原点绘制
一个正方形（图 3-23）。按【F10】键打开曲线控制点，选择下面两个控制点，单击"单轴
缩放"命令 🔳，打开中点捕捉，以矩形中点为单轴缩放基准点，进行水平缩放（图 3-24）。
形状调整完后，在实体边栏工具列中单击"直线挤出"命令 🔲，命令行设置"实体 = 是，
两侧 = 是"，挤出一个实体（图 3-25）。

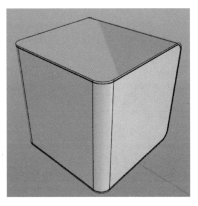

图 3-19　完成大面建模（1）

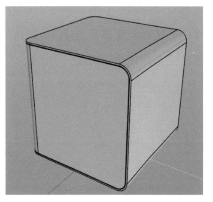

图 3-20　完成大面建模（2）

图 3-21　白模效果（1）

图 3-22　白模效果（2）

图 3-23　绘 制 矩 形

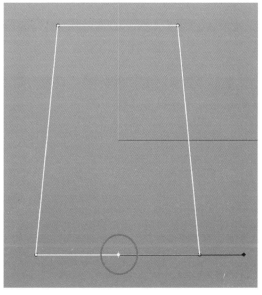

图 3-24　水平缩放曲线控制点

绘制一条直线（图 3-26）。打开中点捕捉（图 3-27），将直线镜像 ⚒ 至另一侧（图 3-28）。选择镜像曲线修剪 ↴ 挤出实体（图 3-29）。选择修剪后的实体，单击"加盖"命令 ⊌ 完成实体（图 3-30）。

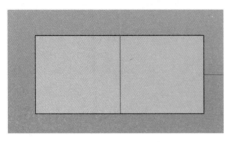

图 3-25　挤出实体

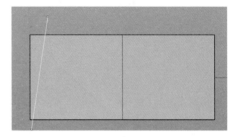

图 3-26　绘制直线

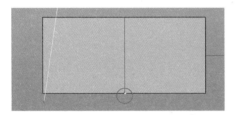

图 3-27　捕捉镜像轴起始点

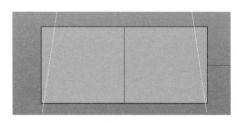

图 3-28　镜像直线

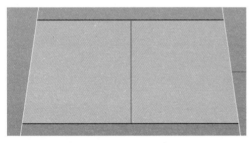

图 3-29　修剪曲线

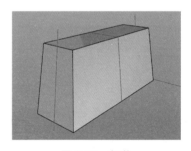

图 3-30　加盖

单击"边缘圆角"命令 ⬡，设置合适的半径，选择实体曲面边缘（图 3-31），单击右键确定完成实体圆角（图 3-32）。

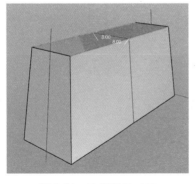

图 3-31　边缘圆角（1）

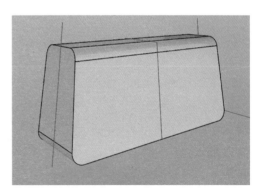

图 3-32　边缘圆角（2）

按上一个产品的建模步骤，完成这个单侧包裹造型（图3-33、图3-34）。

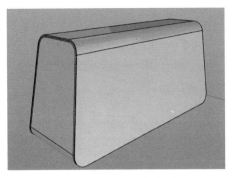

图 3-33　单侧包裹造型

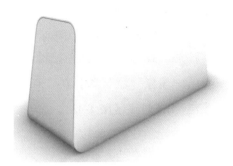

图 3-34　单侧包裹造型白模效果

3.2　包布效果

3.2.1　建模分析

建模分析：包布就像一个帐篷布一样，包在产品的一块平面上，不仅使这块平面立体化，还可以空出不小的空间用于产品结构的安排，如图3-35所示。

09　包布效果

3.2.2　基础曲面建模

侧视图中绘制一条直线（图3-36），在曲线工具列中单击"重建"命令 ，设置点数为"4"，阶数为"3"，其他默认不变（图3-37）。

图 3-36　绘制直线

图 3-35　包布结构产品

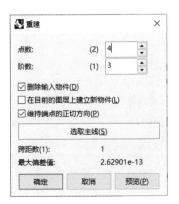

图 3-37　曲线重建选项设置

选择重建好的曲线，单击"复制"命令 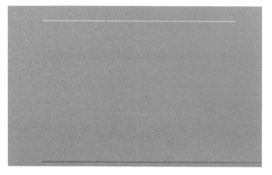 ，将其向下垂直复制一条曲线（图3-38）。单击"单轴缩放"命令 ，打开中点捕捉，以曲线中点为缩放基准将其水平放大（图3-39）。选择上面曲线中间两个控制点，向上移动 一定距离（图3-40）。在"Top"视图中，选择下面曲线中间两个控制点，向下移动一定距离（图3-41）。选择调整好的两条曲线，单击"镜像"命令 ，在"Top"视图中水平镜像一份（图3-42）。选择"曲线"命令 ，绘制4条曲线（图3-43）。

图 3-38 复制曲线

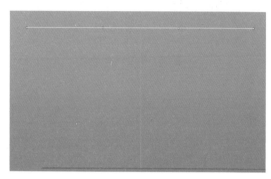

图 3-39 水平放大曲线

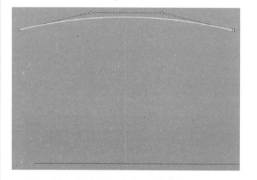

图 3-40 移动控制点调整曲线形状（1）

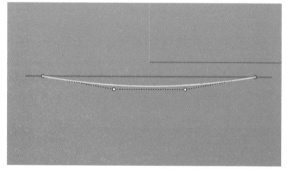

图 3-41 移动控制点调整曲线形状（2）

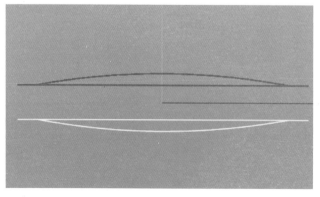

图 3-42 镜像曲线

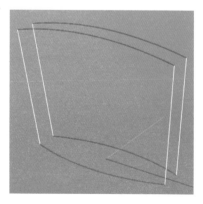

图 3-43 绘制曲线

单击"2, 3, 4边缘生成曲面"命令 ，生成前后两个大曲面（图3-44）。单击"放样"命令 ，完成侧面4个曲面（图3-45），并将所有曲面组合 为一个多重曲面（图3-46）。

图 3-44　生成曲面

图 3-45　放样

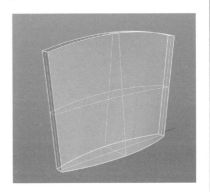

图 3-46　组合曲面

3.2.3　曲面形态细节建模

单击"复制"命令 ，向下复制一条曲线（图3-47），然后使用"直线挤出"命令 生成曲面（图3-48）。选择组合好的物件，单击"分割"命令 ，在选择挤出曲面，单击右键完成实体分割（图3-49）。选择分割好的曲面，单击"修剪"命令 ，修剪挤出曲面（图3-50）。

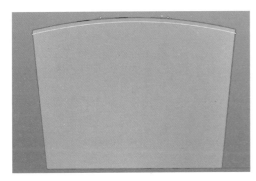

图 3-47　复制曲线

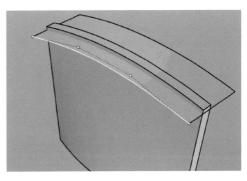

图 3-48　直线挤出

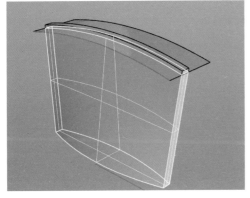

图 3-49　分割实体

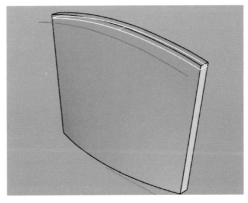

图 3-50　修剪挤出曲面

绘制一个圆作为修剪图形用（图 3-51），修剪曲面（图 3-52）。

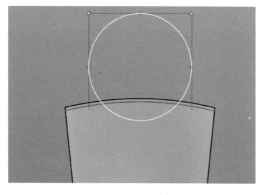

图 3-51　绘制圆

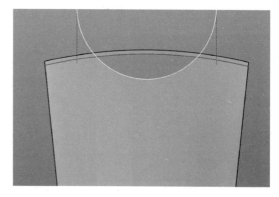

图 3-52　修剪曲面

单击"混接曲面"命令，选择分割后的大曲面边缘（图 3-53），单击红圈中的锁定按钮，设置数值为"0.39"，边缘 1、2 连续性均设置为"曲率"连接（图 3-54），将多出的混接曲面使用右键以结构线分割命令分割，并删除（图 3-55）。同样方法完成分割后上部小曲面的混接曲面（图 3-56）。选择绘制的圆，单击"修剪"命令，修剪第二个混接曲面（图 3-57、图 3-58）。

绘制直线，继续分割物件（图 3-59），完成包布效果大面制作（图 3-60、图 3-61）。

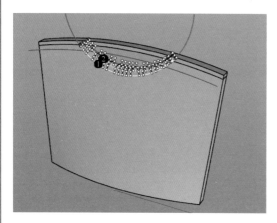

图 3-53　混接曲面（1）

图 3-54　混接选项

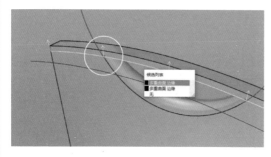

图 3-55　删除曲面

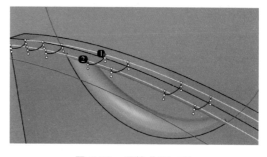

图 3-56　混接曲面（2）

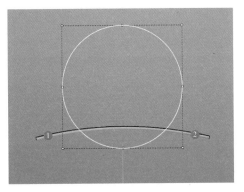

图 3-57 需要修剪的部分

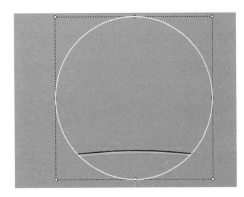

图 3-58 修剪曲面

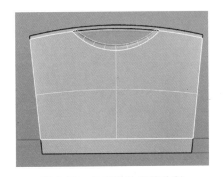

图 3-59 分割物件继续分割

图 3-60 完成大面制作

图 3-61 大面其他视图

第**❸**章 包裹造型建模分析

3.3 倾斜包裹建模分析

倾斜包裹是单侧包裹的衍生，它比单侧包裹的形状更加饱满，大角度的倾斜角度让产品在视觉上更具有延伸性，有一种悬浮于空中的感觉（图 3-62）。产品整体造型简洁、朴实、优雅。

倾斜包裹不但在产品设计中是一种很常见的产品曲面造型，在三维建模中也是很常见的一种空间曲面构建形式。

10 倾斜包裹

图 3-62 倾斜包裹产品

3.3.1 基础曲面建模

绘制一条直线，在曲线工具列中单击"重建"命令🏌️，重建选项设置为点数为"6"，阶数为"5"，其他默认不变（图 3-63），单击确定完成曲线重建（图 3-64）。按【F10】键打开控制点，使用"移动"命令 ⌗，选择左右两个控制点向上移动一定距离（图 3-65）。

101

按住【Shift】键，同时选择中间 4 个控制点使用"单轴缩放"命令 ⣿，捕捉曲线中点，进行缩放调整曲线形状（图 3-66）。切换至另一个视图，复制一条曲线（图 3-67）。

图 3-63　重建曲线参数

图 3-64　完成曲线重建

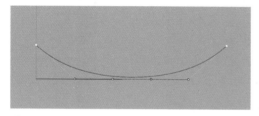

图 3-65　移动曲线控制点

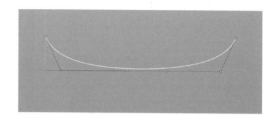

图 3-66　单轴缩放调整形状

图 3-67　复制曲线

　　单击"放样"命令 ，样式设置为"标准""不要简化"（图 3-68），将两条曲线进行放样。放样完成后单击"重建曲面 UV 方向"命令 ，重建箭头所指方向（如不是箭头所指方向，在命令行单击"方向"可以切换），命令行设置点数为"10"（图 3-69）。

　　选择重建曲面，按【F10】键打开曲面控制点，选择左右两排控制点（图 3-70），向上移动 一定距离（图 3-71）。

　　打开中点捕捉，捕捉曲面边缘中点，绘制一条直线（图 3-72）。单击"重建"命令 ，设置点数为"6"，阶数为"5"，其他参数默认不变，单击"确定"完成曲线重建（图 3-73）。按【F10】键打开控制点，选择曲线中间 4 个控制点，使用"移动"命令 向上移动，控制点要超过上一步所建曲面的上边缘（图 3-74）。向一侧复制该曲线（图 3-75）并镜像 曲线（图 3-76），复制的曲线最高处不要超过之前曲面的边缘。单击"放样"命令 ，依次在相邻位置选择 3 条曲线，样式设置为"标准""不要简化"，单击"确定"完成放样（图 3-77）。

产品设计三维表达

图 3-68　放样选项

图 3-69　重建曲面 UV 方向

图 3-70　选择左右两排控制点

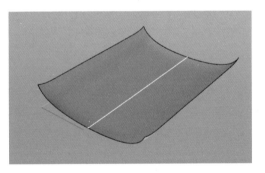

图 3-71　移动控制点

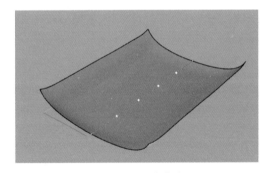

图 3-72　绘制直线

图 3-73　重建曲线

图 3-74　移动控制点

图 3-75　复制曲线

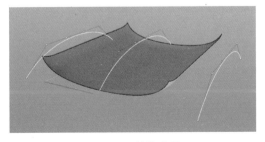

图 3-76　镜像曲线

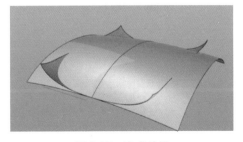

图 3-77　完成放样

3.3.2 曲面修剪

如出现曲面没有相交（图 3-77）的情况，单击"延伸曲面"命令 ▱，选择曲面边缘延伸曲面（图 3-78、图 3-79）。

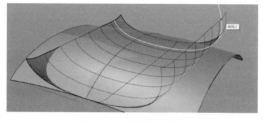

图 3-78 延伸曲面（1）

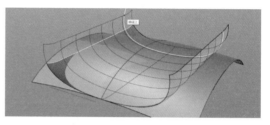

图 3-79 延伸曲面（2）

使用"修剪"命令 ▱，对两个曲面进行互相修剪，完成倾斜包裹大面建模（图 3-80、图 3-81）。

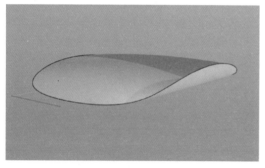

图 3-80 完成大面建模

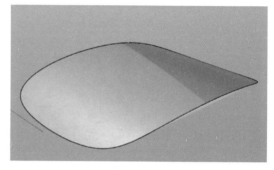

图 3-81 完成大面建模其他角度

最后可以自行尝试使用之前做接缝线的方法，完成细节建模（图 3-82、图 3-83）。

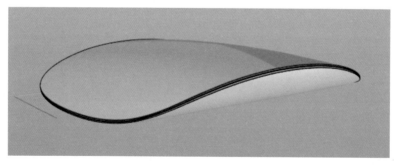

图 3-82 完成细节建模

图 3-83 白模

第 **4** 章

基本产品形态组合建模分析

⟨【学习目标】

1) 了解如何处理产品形态组合过渡。
2) 掌握形态过渡建模方法。
3) 学会形态解析以及细节的建模技巧。
4) 熟悉常见形态组合的建模步骤。

⟨【学习重点】

1) 形态解析及过渡处理。
2) 基础曲面的建模方法。
3) 建模工具的选择。

产品形态组合过渡是产品造型设计基础研究的重要课题之一，其创意的处理技巧是最能体现设计师水平的地方，产品耐人寻味之处正是对形态细微之处的良好处理。

4.1 基础圆柱体组合产品——吹风机建模

4.1.1 吹风机基础曲面建模

图 4-1 所示为一款经典的吹风机，产品外观设计简洁。通过建模分析可以将其解析为圆台形机身和圆柱形手柄两个基本形，然后对机身和手柄进行产品形态的过渡处理（图 4-2）。

11 吹风机

单击"多重直线"命令 ，在"Rigth"视图中绘制一条建模中心辅助线（图 4-3）。绘制曲线 （图 4-4、图 4-5），并单击"组合"命令 （图 4-6）。

选择组合好的曲线，单击"旋转成形"命令 ，命令行设置起始角度和旋转角度（图 4-7），以箭头所指中心辅助线为旋转成形基准轴（图 4-8），单击右键确定，完成曲面旋转成形（图 4-9）。

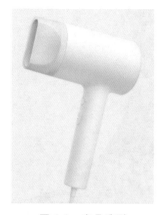

图 4-1　产品造型

图 4-2　基本形分析

图 4-3　中心辅助线

图 4-4　机身曲线

图 4-5　机身后壳曲线

图 4-6　组合曲线

起始角度 <0> (删除输入物件(D)=否　可塑形的(F)=否　360度(U)　设置起始角度(A)=是　分割正切点(S)=否)
旋转角度 <360> (删除输入物件(D)=否　可塑形的(F)=否　360度(U)　分割正切点(S)=否):

图 4-7　起始角度和旋转角度

图 4-8　旋转成形基准轴

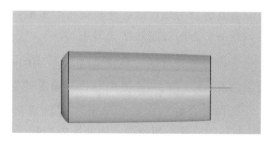

图 4-9　旋转成形

单击"中心点绘制圆"命令 ，命令行先单击"可塑形的"，然后设置"阶数＝5，点数＝12"，在"Top"视图中绘制一个可塑形圆（图4-10），移动至合适位置（图4-11）。

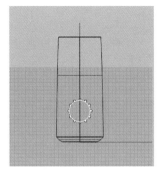

图4-10　绘制可塑形圆

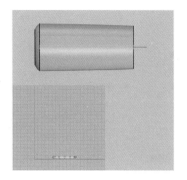

图4-11　移动至合适位置

选择曲线，使用"直线挤出"命令 挤出吹风机把手曲面（图4-12）。绘制两个圆（图4-13），选择上面的圆修剪吹风机机身（图4-14），选择下面的圆修剪把手（图4-15）。

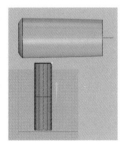

图4-12　把手曲面

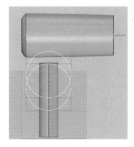

图4-13　绘制两个圆

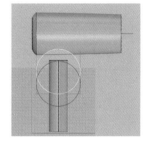

图4-14　修剪吹风机机身

图4-15　修剪把手

在曲面工具列中，打开端点捕捉，单击"调整封闭曲面的接缝"命令 ，将曲面2的接缝线调整至曲面1的接缝线位置（图4-16）。单击"混接曲面"命令 ，打开端点捕捉，捕捉圆圈所示位置端点（图4-17），命令行设置"自动连锁＝是"，选择修剪好的曲面边缘，设置连接性为"曲率"连接（图4-18），确定完成曲面混接（图4-19）。

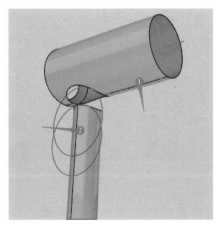

图4-16　调整封闭曲面接缝线

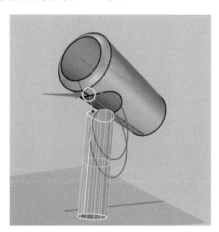

图4-17　捕捉端点

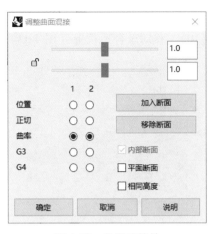

图 4-18　设置连接性　　　　　　　　　　图 4-19　完成曲面混接

绘制两条直线（图 4-20），分割曲面（图 4-21）。

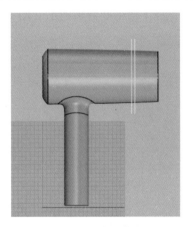

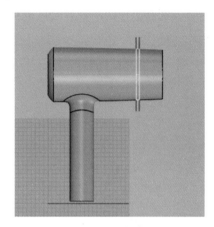

图 4-20　绘制直线　　　　　　　　　　图 4-21　分割曲面

选择"双轴缩放"命令 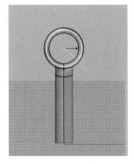，打开中心点捕捉，捕捉旋转成形曲面的圆心（图 4-22），分别缩放分割后的右侧两个小曲面（图 4-23）。

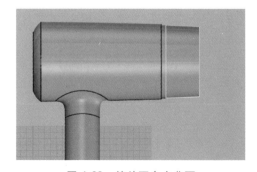

图 4-22　捕捉旋转成形曲面的圆心　　　　　　图 4-23　缩放两个小曲面

单击"放样"命令 ，样式设置为"标准"，将箭头所指位置进行曲面放样补面（图 4-24~图 4-27）。

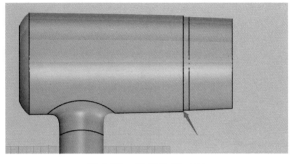

图 4-24　放样位置（1）

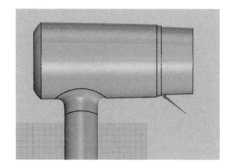

图 4-25　放样位置（2）

图 4-26　放样起点位置

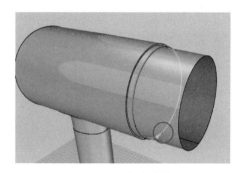

图 4-27　完成放样

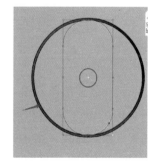

图 4-28　右键命令　　图 4-29　反向隐藏　　图 4-30　绘制圆角矩形（1）　　图 4-31　绘制圆角矩形（2）

选择吹风机机身右侧吹风口曲面，右键取消隔离物件（图 4-28）将其他曲面隐藏
（图 4-29）。

绘制矩形□，命令行单击"中心点""圆角"，打开中心点捕捉，捕捉吹风口最右侧曲
面边缘圆心，绘制一个圆角矩形（图 4-30、图 4-31）。

单击"放样"命令 ，相邻位置选择曲面边缘和圆角矩形（图 4-32），放样选项设置
样式"标准"，"重新逼近公差"为 0.001（图 4-33），单击"确定"完成放样（图 4-34）。

绘制曲线。打开最近点捕捉，第一个控制点放置于中心辅助线上，保证第二个控制点与
第一个控制点处于同一垂直方向（图 4-35）。将其沿中心辅助线水平镜像 一条曲线
（图 4-36）。组合 曲线，并删除圆圈所示中间控制点（图 4-37），将曲线投影 至放样曲
面上（图 4-38）。

图 4-32 选择曲面边缘和圆角矩形

图 4-33 放样选项设置

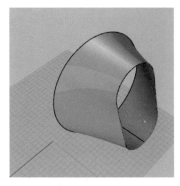

图 4-34 完成曲面放样

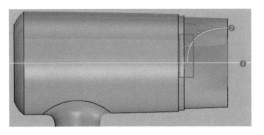

图 4-35 绘制曲线

图 4-36 镜像曲线

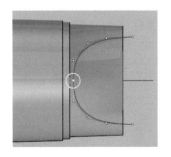

图 4-37 删除控制点

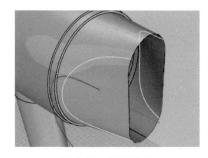

图 4-38 投影曲线

选择放样曲面（图 4-39），单击"分割"命令 ，选择投影线，右键确定完成曲面分割（图 4-40）。删除分割曲面（图 4-41、图 4-42）。单击"控制点曲线"命令 ，打开中点捕捉，绘制曲线（图 4-43、图 4-44）。

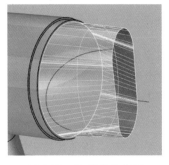

图 4-39 选择放样曲面

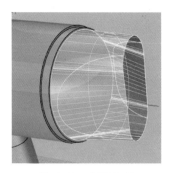

图 4-40 曲面分割

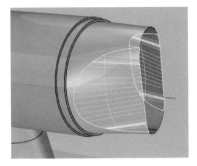

图 4-41　选择分割曲面

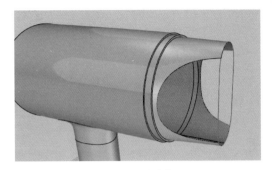

图 4-42　删除曲面

图 4-43　绘制曲线（1）

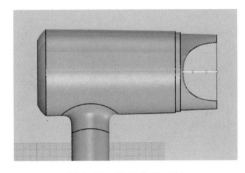

图 4-44　绘制曲线（2）

移动控制点，调整曲线形状（图 4-45）。选择投影曲线，单击"分割"命令🔲，再单击绘制好的曲线，单击右键完成分割（图 4-46）。

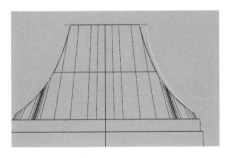

图 4-45　调整曲线形状

图 4-46　分割曲线

依次在相邻位置选择三条曲线（图 4-47），单击"放样"命令🔲，样式设置为"标准"，其他不变（图 4-48），单击"确定"完成放样（图 4-49）。

在点的编辑工具列中选择"移除节点"命令🔲，手动优化放样曲面（图 4-50）。观察发现放样曲面与圆角矩形之间有空隙（图 4-51），需要进一步操作将曲面边缘与圆角矩形衔接。单击"衔接曲面"命令🔲，先选择放样曲面边缘，再单击圆角矩形，选项设置为"连续性＝位置，维持另一端＝位置，勾选以最接近点衔接边缘，勾选精确衔接"（图 4-52），单击"确定"完成曲面与曲线衔接（图 4-53）。使用"镜像"命令，镜像🔲衔接好的放样曲面（图 4-54）。

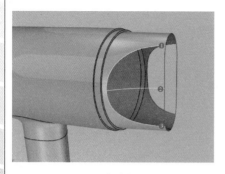

图 4-47 依次选择三条曲线

图 4-48 放样选项设置

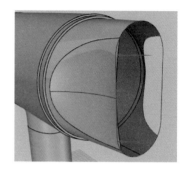

图 4-49 完成曲面放样

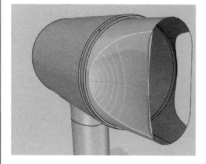

图 4-50 优化放样曲面

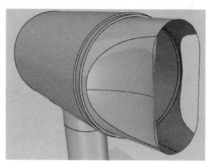

图 4-51 观察空隙

图 4-52 参数设置

图 4-53 完成衔接

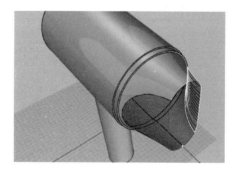

图 4-54 镜像曲面

4.1.2 细节建模

从中心点绘制一个圆角矩形 ▭，绘制圆 ◎（图 4-55）。移动两条曲线至合适位置（图 4-56）。选择圆角矩形和圆，单击"直线挤出"命令 ▥，命令行设置"实体 = 是"挤出两个实体（图 4-57）。

先复制 ▯ 三个物件（图 4-58）。选择三个物件进行布尔运算"交集" ◉（图 4-59）。

粘贴 ▯ 三个物件，选择把手（图 4-60），单击布尔运算"差集"命令 ◉，再选择圆角矩形和圆挤出实体（图 4-61），单击右键确定完成差集运算（图 4-62）。

图 4-55 绘制圆

图 4-56 移动曲线

图 4-57 挤出实体

图 4-58 复制

图 4-59 布尔运算"交集"

图 4-60 粘贴物件

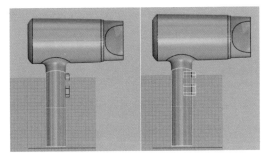

图 4-61 选择布尔运算所需物件

图 4-62 完成布尔
运算"差集"

单击"边缘圆角"命令 ⬚ ，设置合适半径，完成实体圆角（图 4-63），使用"移动工具" ⬚ 将按键向外侧移动一定距离（图 4-64）。打开最近点捕捉，绘制矩形（图 4-65）。打开中点捕捉，并使用"垂直置中" ⬚ ，"水平置中" ⬚ 工具将矩形与按键对齐（图 4-66）。选择矩形，单击"直线挤出"命令 ⬚ ，命令行设置"实体＝是"挤出实体（图 4-67）。

绘制小圆（图 4-68），直线挤出 ⬚ ，选择把手，布尔运算"差集"，完成细节建模（图 4-69）。

选择曲面组合（图 4-70），单击"双轴缩放"命令 ⬚ ，打开中心点捕捉，命令行设置"设置＝是"，向内缩放一个曲面（图 4-71）。单击"放样"命令 ⬚ ，将出风口封闭（图 4-72）。绘制一条曲线（图 4-73）。

图 4-63　完成实体圆角

图 4-64　移动

图 4-65　绘制矩形

图 4-66　对齐

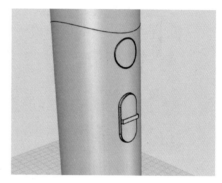

图 4-67　挤出实体

图 4-68　绘制小圆

图 4-69　完成细节

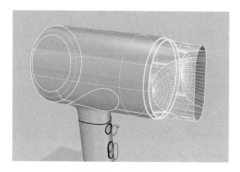

图 4-70　曲面组合

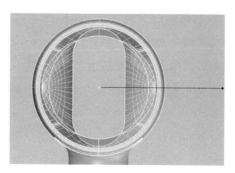

图 4-71　缩放曲面

图 4-72　封闭出风口

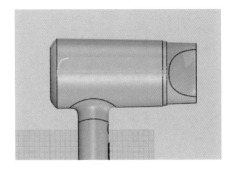

图 4-73　绘制曲线

选择"曲线旋转成形"命令 🔑 制作一个曲面作为风扇电动机曲面（图 4-74）。绘制风扇轮廓曲线（图 4-75）。单击"直线挤出"命令 🔲，挤出一个实体（图 4-76）。

图 4-74　电动机曲面

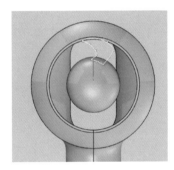

图 4-75　绘制轮廓曲线

图 4-76　挤出实体

使用移动工具 ⬚，移动风扇叶片至合适位置（图 4-77）。使用旋转工具 ✍，将叶片旋转一定角度（图 4-78）。单击"旋转阵列"命令 ⚙，阵列中心点设置于旋转成形的电动机曲面中心，阵列数为"6"，旋转角度为"360"（图 4-79）。

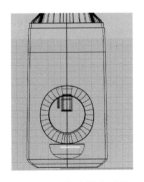

图 4-77　移动风扇叶片

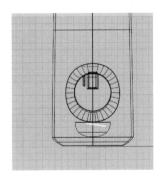

图 4-78　旋转叶片

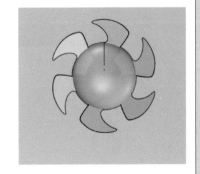

图 4-79　旋转阵列

绘制曲线（图 4-80），旋转成形制作手把底面（图 4-81）。

绘制曲线（图 4-82），旋转成形制作电源线端口（图 4-83）。

绘制曲线（图 4-84），使用"圆管"命令 🌀，制作电源线曲面（图 4-85）。

完成效果如图 4-86 所示。

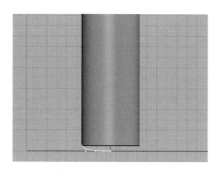

图 4-80 绘制曲线（1）

图 4-81 制作手把底面

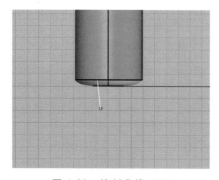

图 4-82 绘制曲线（2）

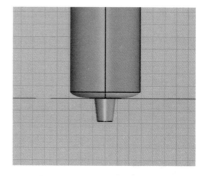

图 4-83 制作电源线端口

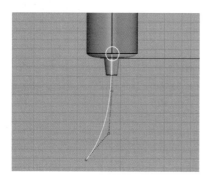

图 4-84 绘制曲线（3）

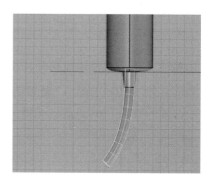

图 4-85 圆管成形制作电源线曲面

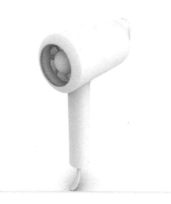

图 4-86 完成效果

4.2 环绕组合造型分析

4.2.1 造型特征介绍

12 投影仪

环绕也是一种包裹的方式，但通常它只以半包的形式出现，这种环绕更多的是以保护产品为目的，防止使用者滑落而设计的。环绕又可以分为单线环绕和双线环绕。

单线环绕是指外壳环绕整个产品的一周，既起到了防护作用，又显示出了张扬的个性，许多电子科技类产品都采用了单线环绕的手法，使产品达到饱满、精致的要求。

图 4-87 所示产品是比较经典的单线环绕造型，采用了 R 角设计语言，是目前电子产品比较流行的一种造型语言。

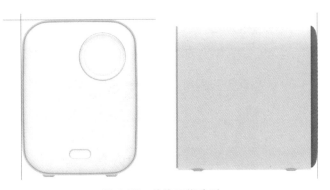

图 4-87 单线环绕造型

观察图 4-87 所示正视造型，正视图不是简单的一个圆角矩形，看似是直线，其实是一个弧度很大的弧线。分析侧视图，深灰色网罩也是略微向外凸起。

4.2.2 矩形绘制及优化

绘制建模中心辅助线（图 4-88）。

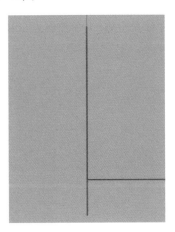

图 4-88 绘制建模中心辅助线

单击"中心点绘制圆"命令 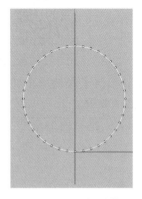，命令行先单击"可塑形的"，然后设置"阶数=5，点数=40"，绘制一个可塑形圆（图4-89）。选择右侧11个控制点，打开点捕捉，单击"设置XYZ" 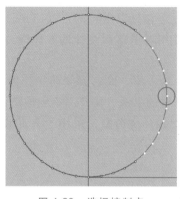，将控制点垂直对齐至最右侧圆圈处控制点（图4-90、图4-91）。同时对齐左侧11个控制点（图4-92）。

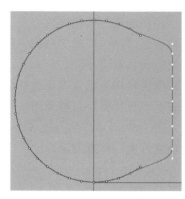
图 4-89　可塑形圆　　　　　图 4-90　选择控制点　　　　　图 4-91　垂直对齐控制点（1）

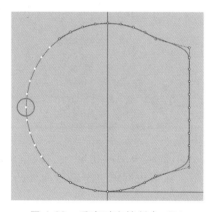
图 4-92　垂直对齐控制点（2）

选择上面9个控制点，打开点捕捉，单击"设置 XYZ" 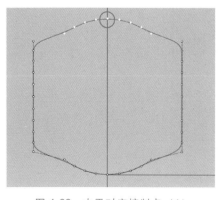，将控制点水平对齐至最顶部圆圈处控制点（图4-93）。同时对齐左侧11个控制点（图4-94）。

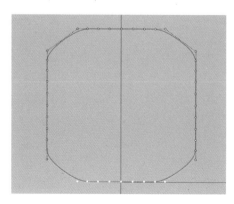
图 4-93　水平对齐控制点（1）　　　　　图 4-94　水平对齐控制点（2）

产品设计三维表达

选择 4 个控制点（图 4-95），打开中点捕捉，单轴缩放 调整形状（图 4-96）。

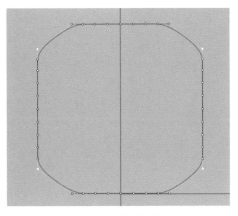

图 4-95　选择控制点

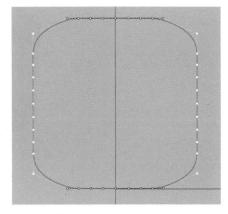

图 4-96　单轴缩放（1）

继续单轴缩放 调整形状（图 4-97、图 4-98）。将调整形状后的曲线向右复制 一份（图 4-99），然后放样 生成投影仪机身曲面，样式设置为"标准"（图 4-100），单击确定完成机身曲面制作（图 4-101）。

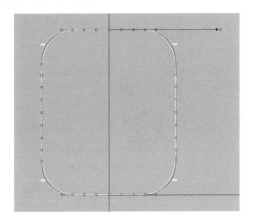

图 4-97　单轴缩放（2）

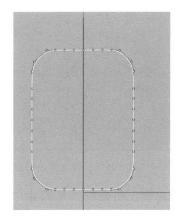

图 4-98　单轴缩放（3）

图 4-99　复制曲线

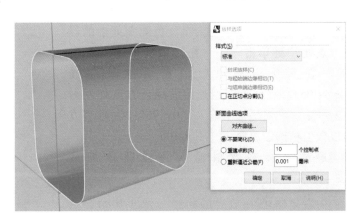

图 4-100　放样曲面

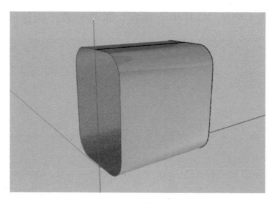

图 4-101　完成机身曲面

4.2.3　产品基础曲面建模及调点

在曲面工具列中，打开中点或者四分点捕捉，单击"调整封闭曲面的接缝"命令　，调整箭头所指顶部处接缝线（图 4-102）至底面处（图 4-103）。

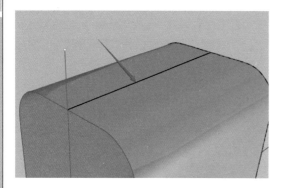

图 4-102　调整封闭曲面的接缝

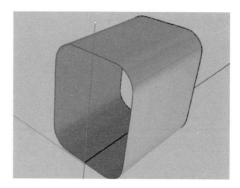

图 4-103　调整接缝至底面处

选择曲线，在分析工具列中单击"面积中心"命令　，生成中心点（图 4-104），后期建模会用到。激活软件界面最下方的"操作轴"，选择曲线，复制粘贴一份，在红色圆圈处中的红色方点处左键单击一下，在对话框中输入"0，95"，在水平方向以数值精确缩放曲线（图 4-105）。在红色圆圈处中的绿色方点处左键单击一下，在对话框中输入"0，96"，在垂直方向以数值精确缩放曲线（图 4-106）。

通过坐标轴数值输入完成曲线缩放（图 4-107）。

向右复制　缩放后的曲线（图 4-108），然后放样　两条曲线（图 4-109）。

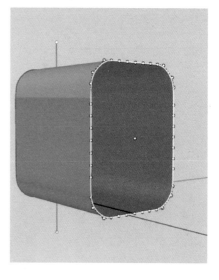

图 4-104　生成面积中心点

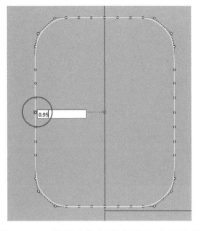

图 4-105　设置坐标轴数值进行水平缩放

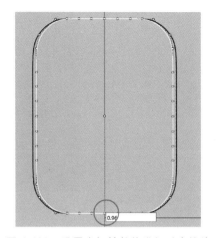

图 4-106　设置坐标轴数值进行垂直缩放

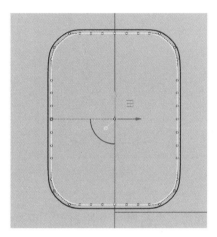

图 4-107　完成曲线缩放

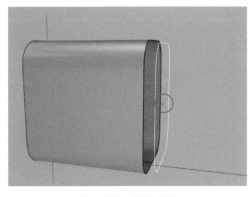

图 4-108　复制曲线

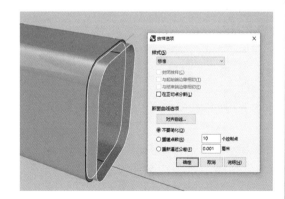

图 4-109　放样曲线

　　选择放样曲面，按【F10】键打开曲面控制点，选择第一排控制点（图 4-110），使用"二轴缩放"命令 ，打开点捕捉，以上一步生成的中心点为缩放基准点（图 4-111），通过缩放控制点来调整曲面形状（图 4-112、图 4-113）。

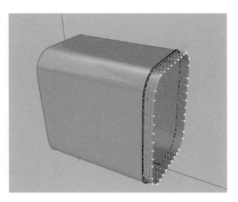

图 4-110　选择控制点

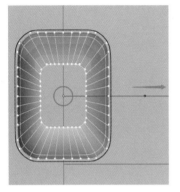

图 4-111　缩放控制点

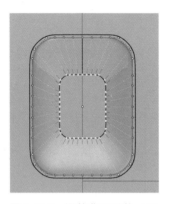

图 4-112　调整曲面形状（1）

图 4-113　调整曲面形状（2）

TiPS：曲面控制点选择方法，先选择一个控制点，再选择"工具列"→"选取点工具列"，选择以"U"或者"V"方向选择控制点。

选择一个控制点（图 4-114），单击"选取 V 方向"命令，将 V 方向控制点全部选中（图 4-115）。

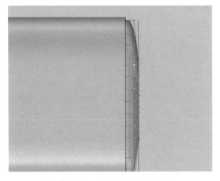

图 4-114　选取一个控制点

图 4-115　选取 V 方向控制点

打开点捕捉，单击"设置 XYZ"，将控制点垂直对齐至最右侧第一排控制点（图 4-116）。按【F11】键关闭曲面控制点（图 4-117）。此处也可使用"对齐"指令对齐控制点。

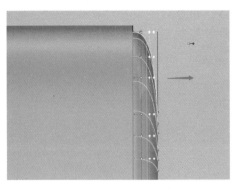

图 4-116　对齐控制点

图 4-117　完成曲面形状调整

4.2.4　曲面实体化编辑

单击"调整封闭曲面的接缝"命令，将曲面接缝线调整至水平位置（图 4-118）。单击"以平面曲线生成曲面"命令，选择曲面边缘生成一个平面（图 4-119）。

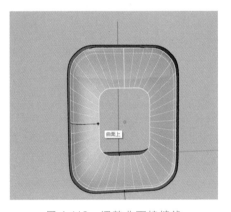

图 4-118　调整曲面接缝线

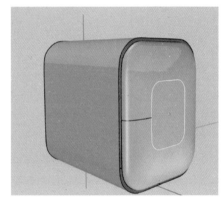

图 4-119　生成平面（1）

选择两条曲线，单击"以平面曲线生成曲面"命令，生成平面（图 4-120）。选择后部曲线，单击"以平面曲线生成曲面"命令，生成平面（图 4-121）。

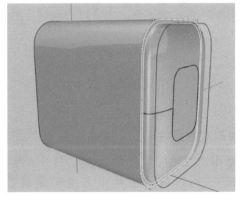

图 4-120　生成平面（2）

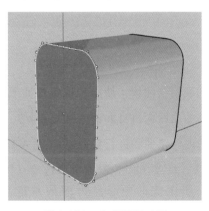

图 4-121　生成平面（3）

保持后部曲线选取状态，单击"偏移"命令，命令行中设置"松弛＝是"，偏移一条曲线（图4-122）。按【F10】键打开偏移后的曲线控制点，打开点捕捉，使用"对齐XYZ"命令，对齐选中的控制点（图4-122、图4-123）。

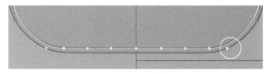

图 4-122　偏移曲线，对齐控制点　　　　　　　图 4-123　对齐控制点

选择两条曲线，使用"以平面曲线生成曲面"命令，生成平面（图4-124）。将曲线水平复制一条（图4-125）。选取这两条曲线进行放样（图4-126）。单击"偏移"命令，命令行中设置"松弛＝是"，偏移曲线（图4-127）。按【F10】键打开偏移后的曲线控制点，打开点捕捉，使用"对齐XYZ"命令，对齐选中的控制点（图4-127）。

图 4-124　生成平面　　　　　　图 4-125　复制曲线　　　　　　图 4-126　放样曲面

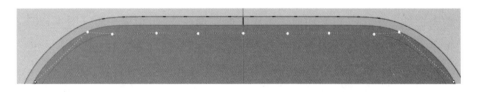

图 4-127　偏移曲线，对齐控制点

选取两条曲线，使用"以平面曲线生成曲面"命令，生成平面（图4-128）。将上一步偏移的曲线向机身曲面内部复制一条（图4-129）。

选取两条曲线进行放样（图4-130），选取控制点（图4-131），单击"选取V方向"命令，将V方向控制点全部选中（图4-132）。使用"二轴缩放"命令，打开点捕捉，以上一步生成的中心点为缩放基准点（图4-133），通过缩放控制点来调整曲面形状（图4-134）。

图 4-128　生成平面

图 4-129　复制曲线

图 4-130　放样曲面

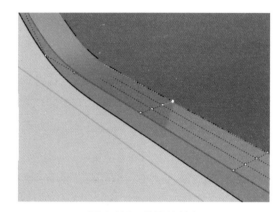

图 4-131　选取控制点

图 4-132　选取 V 方向控制点

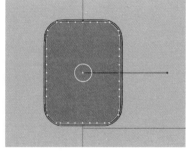

图 4-133　二轴缩放控制点

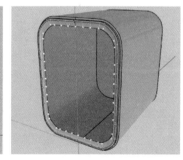

图 4-134　调整曲面形状

使用"以平面曲线生成曲面"命令⚪，生成平面（图 4-135）。选取右侧第二排的一个控制点（图 4-136），单击"选取 V 方向"命令▦，将 V 方向控制点全部选中。打开点捕捉，单击"设置 XYZ"▦，将控制点垂直对齐至上一步生成的平面（图 4-137）。

4.2.5　细节建模

绘制两个圆，一条曲线在各个视图调整位置（图 4-138~图 4-140）。

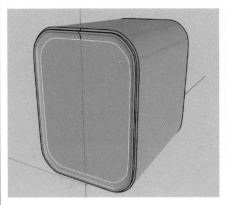
图 4-135 生成平面

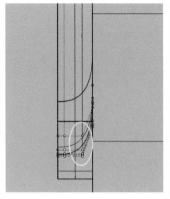
图 4-136 选取 V 方向控制点

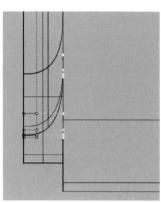
图 4-137 垂直对齐控制点

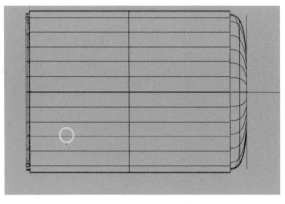
图 4-138 绘制圆及曲线

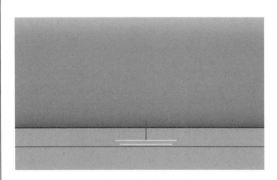
图 4-139 侧视图位置

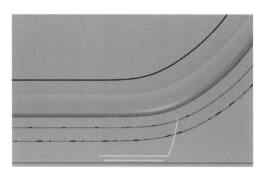
图 4-140 后视图位置

单击"单轨扫掠"命令![icon]，选择曲线①为轨道，曲线②为断面曲线，右键确定弹出"单轨扫掠选项"，设置如图 4-141 所示，确定完成单轨扫掠（图 4-142）。选择曲线①，单击"以平面曲线生成曲面"命令![icon]，生成平面。

选择下面的小圆，单击"直线挤出"命令![icon]，命令行设置"实体=是"，单击右键确定。选择单轨扫掠曲面，平面曲线生成的曲面和挤出曲面，单击"群组"命令![icon]，单击"镜像"命令![icon]，垂直镜像脚垫（图 4-143），最后水平镜像脚垫（图 4-144）。

产品设计三维表达

图 4-141　单轨扫掠选项设置

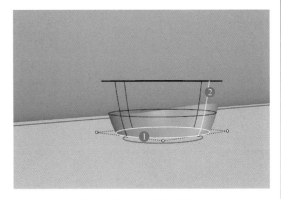

图 4-142　完成单轨扫掠

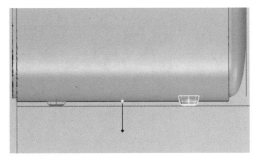

图 4-143　垂直镜像脚垫

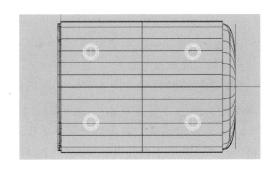

图 4-144　水平镜像脚垫

4.2.6　镜头建模

绘制圆（图 4-145），单击"直线挤出"命令 ，命令行设置"实体 = 是"，单击右键确定完成挤出一个圆柱体（图 4-146）。

图 4-145　绘 制 圆

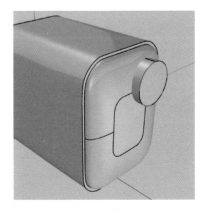

图 4-146　挤出曲面

选择机身前部两个曲面组合 为一个多重曲面。选择组合好的曲面，单击"将平面洞加盖"命令 ，完成曲面实体化（图 4-147）。单击"抽壳"命令 ，选择底面（图 4-148），命令行设置合适厚度，单击右键确定完成抽壳（图 4-149）。

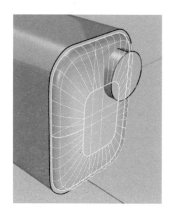

图 4-147　曲面实体化

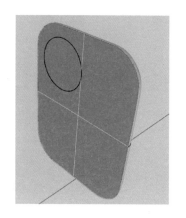

图 4-148　选择抽壳面

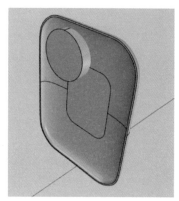

图 4-149　完成抽壳

　　选择抽壳面，单击布尔运算"差集" ，选择圆柱体，右键确定完成差集运算（图 4-150）。

　　选择之前绘制的圆（图 4-145），向内偏移一个圆，选择两个圆，单击"直线挤出"命令 ，命令行设置"实体＝是"，单击右键确定完成挤出一个实体（图 4-151）。完成挤出后，绘制一条曲线（图 4-152、图 4-153）。

　　单击"单轨扫掠"命令 ，选择曲线①为轨道，上一步绘制的曲线②为断面曲线，右键确定弹出"单轨扫掠选项"，设置如图 4-154 所示，确定完成单轨扫掠（图 4-155）。

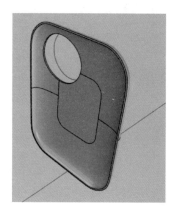

图 4-150　差集运算

　　单击"直线挤出"命令 ，选择单轨扫掠面靠内的曲面边缘，命令行设置"实体＝否"，右键确定完成挤出一个曲面（图 4-156）。打开中心点捕捉，捕捉之前绘制的圆的圆心，绘制一个小圆（图 4-157）并向内移动一定位置（图 4-158）。单击"放样"命令 ，依次选择挤出曲面的曲面边缘（图 4-159）和绘制的圆，单击右键确定完成放样曲面（图 4-160）。

图 4-151　挤出实体

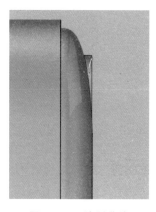

图 4-152　绘制曲线

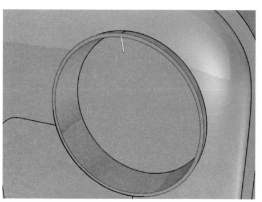

图 4-153　绘制曲线（其他视角）

图 4-154 单轨扫掠选项设置

图 4-155 单轨扫掠

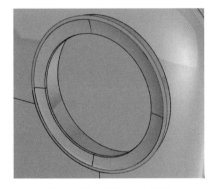

图 4-156 挤出一个曲面

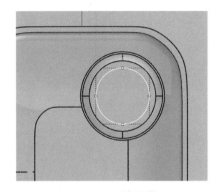

图 4-157 绘制圆

图 4-158 移动圆

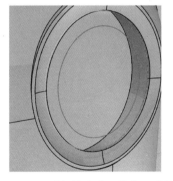

图 4-159 选择挤出曲面的曲面边缘

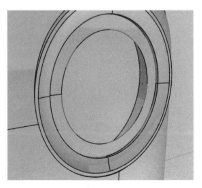

图 4-160 放样曲面

绘制一条曲线，注意两个控制点在同一垂直方向（图 4-161）。选择绘制好的曲线，单击"旋转成形"命令 ，命令行设置起始角度为"0"和旋转角度为"360"，水平方向为旋转基准轴（图 4-162），单击右键确定完成曲面旋转成形（图 4-163）。单击"放样"命令 ，依次选择两条曲面边缘（图 4-164），单击右键确定完成放样曲面（图 4-165）。

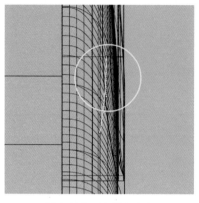

图 4-161　控制点方向

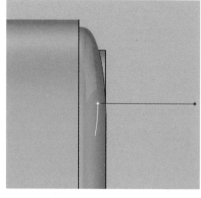

图 4-162　水平方向为旋转基准轴

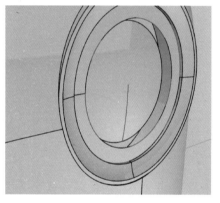

图 4-163　曲面旋转成形

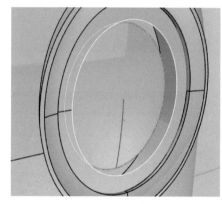

图 4-164　选择曲面边缘

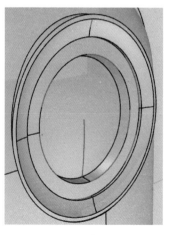

图 4-165　完成放样曲面

绘制一个圆角矩形，并将其垂直置中和投影仪机身对齐（图 4-166）。单击"直线挤出"命令 ，选择单轨扫掠面靠内的曲面边缘，命令行设置"实体＝是"，单击右键确定完成挤出一个实体（图 4-167）。选择投影仪前盖和上一步挤出物件，单击复制 。选择前盖，单击布尔运算"差集" ，再选择（图 4-167）挤出物件，单击右键确定完成差集运算。单击粘贴命令 ，将前盖和挤出物件粘贴回来。选择前盖，单击布尔运算"交集" ，再选择（图 4-167）挤出物件，单击右键确定完成交集运算（图 4-168）。

图 4-166　绘制圆角矩形

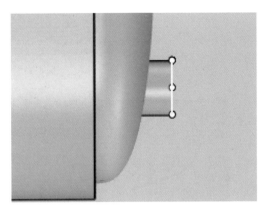

图 4-167　挤出实体

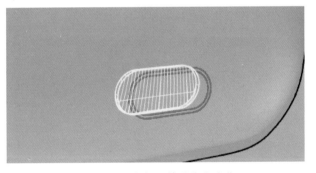

图 4-168　布尔运算差集和交集

按上面布尔运算差集和交集建模步骤，继续铭牌建模（图 4-169）。铭牌进行边缘圆角 ，完成细节建模（图 4-170）。

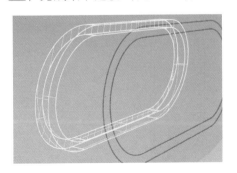

图 4-169　铭牌建模

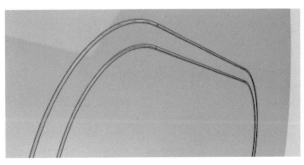

图 4-170　实体圆角

绘制投影仪机身后部细节建模所需曲线（图 4-171）。单击"直线挤出"命令 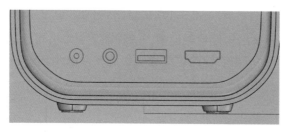 ，选择曲线，命令行设置"实体＝是"，右键确定完成挤出一个实体（图 4-172）。将投影仪机身后部进行布尔运算"差集" （图 4-173）。

图 4-171　绘制细节曲线

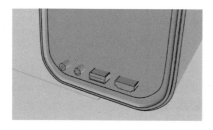

图 4-172　绘制曲线直线挤出

图 4-173　布尔运算"差集"

继续完成机身后部细节建模（图 4-174~图 4-177）。

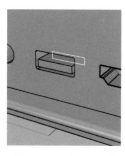

图 4-174　绘制矩形
直线挤出

图 4-175　绘制两个圆
直线挤出

图 4-176　绘制圆直线
挤出

图 4-177　实体圆角

模型着色模式显示如图 4-178、图 4-179 所示。白模如图 4-180、图 4-181 所示。

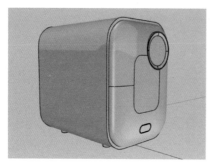

图 4-178　着色模式（1）

图 4-179　着色模式（2）

图 4-180　白模（1）

图 4-181　白模（2）

4.3　蛋形面实例建模——智能手表建模

4.3.1　蛋形面特征介绍

13　智能手表

经典的蛋形面莫过于 2008 年 6 月份亮相的 iphone 3G（图 4-182a），造型圆润的曲面，背部曲线是一种更加平缓的弧线，优雅而富于张力。该产品带动了一系列？Apple Style 造型，特别是现在的数码电子产品，为了避免冷冰冰的产品感，通常用 Apple Style 来增加产品的柔和感。图 4-182b 所示为智能手表的外形，本节将以其为实例讲解蛋形面建模。

a)

b)

图 4-182　蛋形面产品

4.3.2　智能手表上盖建模

单击"中心点绘制圆"命令 ◎，命令行先单击"可塑形的"，然后设置"阶数 = 5，点数 = 24"，在坐标轴原点处，绘制一个可塑形圆（图 4-183）。一个圆为 360°，一共有 24 个控制点，通过计算，每两个控制点之间的角度为 15°（360°/24 = 15°）。单击"旋转"命令 ✏，以原点为旋转中心点旋转 7.5°，以保证旋转后两个控制点处于 XY 轴两侧的对称位置（图 4-184）。

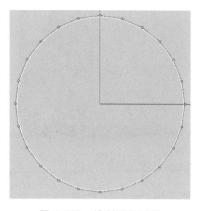

图 4-183　绘制可塑形圆

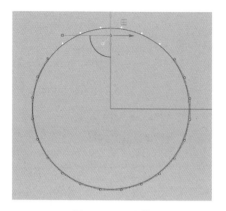

图 4-184　旋转

TiPS：旋转完成后，打开曲线控制点，发现最上方两个控制点处于同一水平方向，可以方便后续建模。

打开点捕捉，选择顶部 6 个控制点，打开点捕捉，单击"设置 XYZ" ，将控制点水平对齐至最顶部控制点（图 4-185）。对齐其余三个方向的 6 个控制点（图 4-186）。

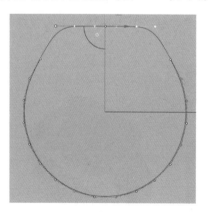

图 4-185　对齐顶部 6 个控制点

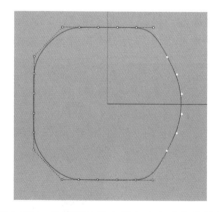

图 4-186　分别对齐其余三个方向 6 个控制点

选择 4 个控制点，单击"单轴缩放"命令 ，以坐标轴原点为缩放基准点，缩放控制点调整曲线形状（图 4-187、图 4-188）。将曲线调整为类似于圆角矩形的形状（图 4-189），将调整好的曲线向上复制 一份（图 4-190）。

选择曲线（图 4-191），放样 生成曲面，样式设置为"标准"（图 4-192），单击"确定"完成表壳曲面制作。

选择放样曲面，按【F10】键打开曲面控制点 ，选择第一排控制点（图 4-193），使用"二轴缩放"命令 ，打开点捕捉，以坐标轴原点为缩放基准点，通过缩放控制点来调整曲面形状（图 4-194）。

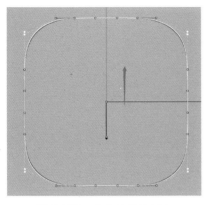

图 4-187　垂直缩放控制点

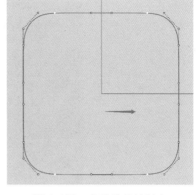

图 4-188　水平缩放控制点

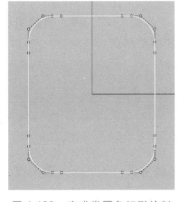

图 4-189　完成类圆角矩形绘制

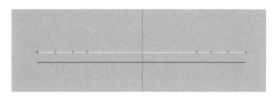

图 4-190　复制曲线

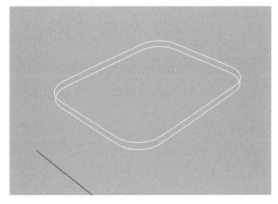

图 4-191　选择曲线

图 4-192　放样选项设置

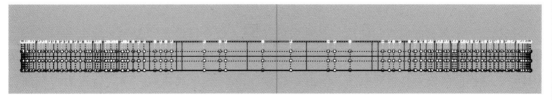

图 4-193　选择第一排控制点

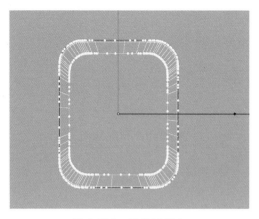

图 4-194　缩放控制点

选择第二排控制点（图 4-195），打开点捕捉，单击"设置 XYZ"![icon]，将控制点水平对齐至顶部第一排控制点（图 4-196）。按【F11】键关闭曲面控制点。

图 4-195　选择第二排控制点

图 4-196　水平对齐控制点

单击"以平面曲线生成曲面"命令![icon]，选择曲面边缘生成一个平面（图 4-197）。并将其和上一步建完的曲面组合![icon]为一个多重曲面。

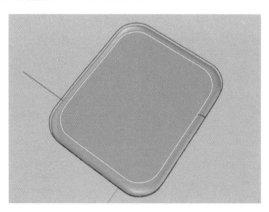

图 4-197　生成平面

4.3.3　智能手表机身建模

选择第一步调整的曲线，使用"二轴缩放"![icon]，命令行设置"复制 = 是"，输入"0"，以坐标轴原点为缩放基准点，放大复制一条曲线（图 4-198）。然后将其向下复制一份（图 4-199）。选择曲线放大复制的曲线，单击"放样"命令![icon]生成曲面，样式设置为"标准"，其余设置不变，单击"确定"完成机身曲面制作（图 4-200）。

图 4-198　放大复制

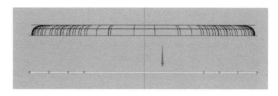

图 4-199　向下复制

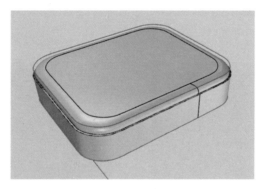

图 4-200　放样

单击"加盖"命令 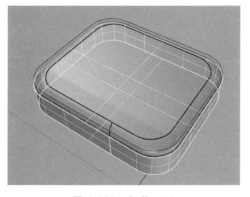，将表壳和表身加盖为两个实体（图 4-201、图 4-202）。

图 4-201　加盖（1）

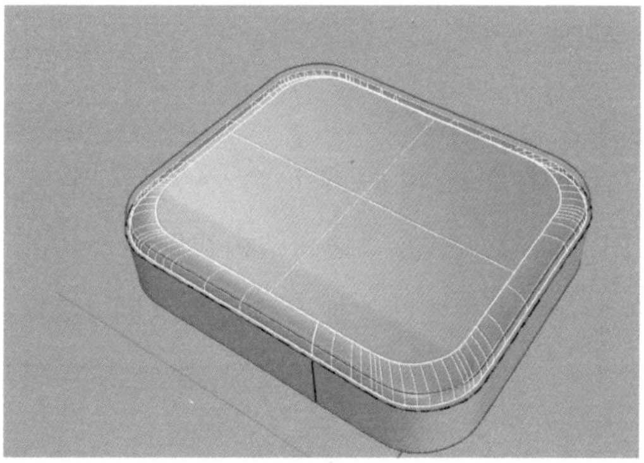

图 4-202　加盖（2）

4.3.4　表带建模

绘制表带轮廓曲线（图 4-203）。单击"直线挤出"命令 ▣，命令行设置"两侧 = 是，实体 = 是"，右键确定完成挤出实体。绘制曲线（图 4-204），投影 ⬚ 至挤出实体上（图 4-205）。选择实体，并炸开 ↙（图 4-206）。

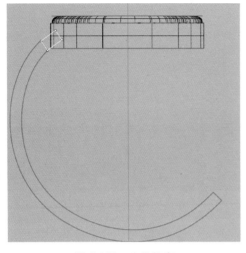

图 4-203　表带轮廓

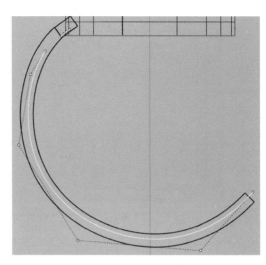

图 4-204　绘制曲线

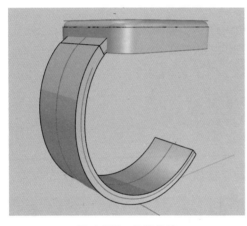

图 4-205　投影曲线

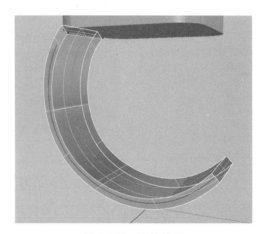

图 4-206　实体炸开

　　单击"混接曲线"命令 ，连续性都设置为"曲率"连接，生成混接曲线（图 4-207）。单击"抽离结构线"命令 ，如果方向不对，可以在命令行中单击"切换"，在炸开的表达曲面上抽离结构线（图 4-208~图 4-210）。镜像 抽离的结构线（图 4-211）。

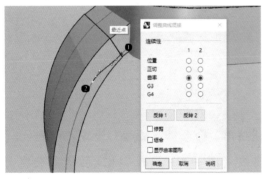

图 4-207　混接曲线

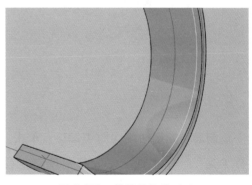

图 4-208　抽离结构线（1）

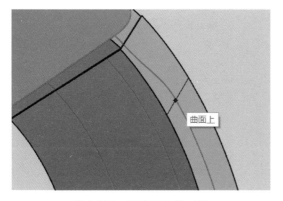

图 4-209 抽离结构线（2）

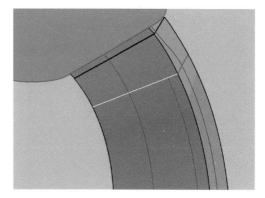

图 4-210 抽离结构线（3）

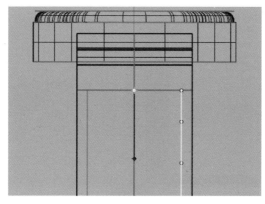

图 4-211 镜像抽离结构线

选择实体，并炸开 ✔️（图 4-212）。继续抽离结构线 🔲（图 4-213）。单击"混接曲线"命令 🔄，连续性都设置为"曲率"连接，生成混接曲线并组合选中的曲线（图 4-214）。将生成的混接曲线镜像 🔱。选择炸开的表带曲面，选择分割命令，选择上两步抽离的结构线以及生成的混接曲线和镜像出来的曲线进行分割，删除分割出来的小曲面（图 4-215）。

单击"混接曲线"命令 🔄，连续性都设置为"曲率"连接，生成混接曲线（图 4-216），分割曲面（图 4-217）。

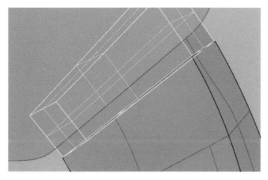

图 4-212 炸开实体

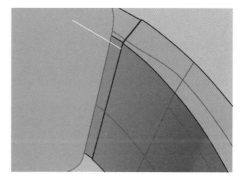

图 4-213 抽离结构线

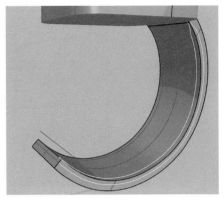

图 4-214　生成混接曲线

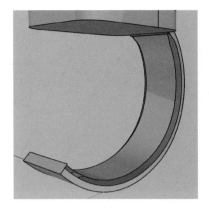

图 4-215　删除分割曲面

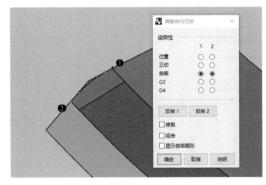

图 4-216　混接曲线

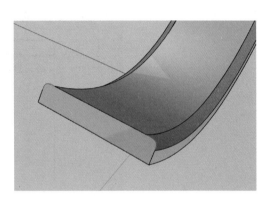

图 4-217　分割曲面

单击"混接曲线"命令 ，连续性都设置为"曲率"连接，生成混接曲线（图 4-218、图 4-219）。

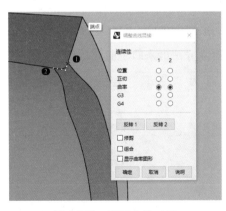

图 4-218　混接曲线（1）

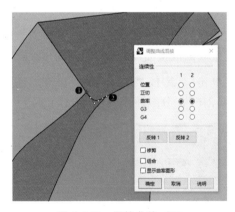

图 4-219　混接曲线（2）

单击"双轨扫掠"命令 ，以①②曲面边缘为导轨（先右键单击"边缘分割"命令将两个曲面边缘合并 ），上两步生成的混接曲线为断面线，生成曲面（图 4-220）。选择曲面并组合 （图 4-221）。单击"边缘圆角"命令 ，对表带与表身连接物件进行圆角处

理（图 4-222）。使用修剪命令 ，处理表带细节（图 4-223）。单击"边缘圆角"命令 ，
继续对表带进行圆角处理，完成表带建模（图 4-224、图 4-225）。

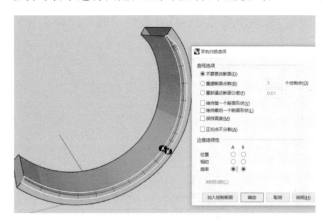

图 4-220　双轨扫掠

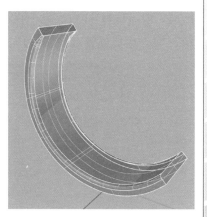

图 4-221　组合曲面

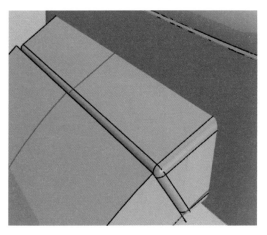

图 4-222　圆角处理（1）

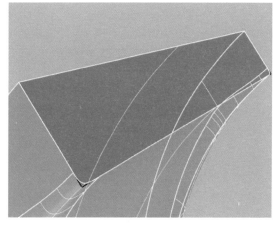

图 4-223　处理表带细节

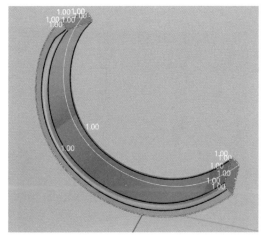

图 4-224　圆角处理（2）

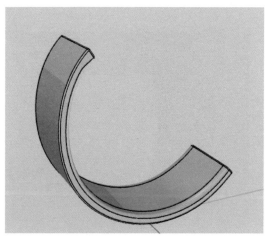

图 4-225　完成表带建模

抽离结构线（图4-226）。在点工具列中，右键单击使用依线段数目分段曲线命令（图4-227），命令行设置合适的分段数目（图4-228）。打开点捕捉，捕捉分段曲线命令生成的点，抽离结构线（图4-229、图4-230）。选择抽离的结构线，单击"圆管（圆头管）"命令，生成圆管（图4-231）。

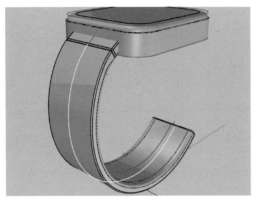

图 4-226　抽离结构线

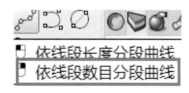

图 4-227　分段曲线（1）

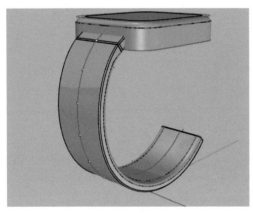

图 4-228　分段曲线（2）

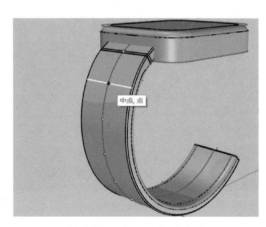

图 4-229　抽离结构线（1）

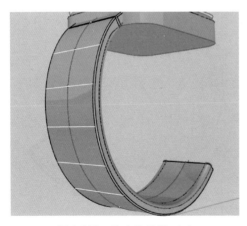

图 4-230　抽离结构线（2）

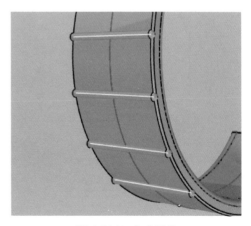

图 4-231　生成圆管

产品设计三维表达

选择表带，单击布尔运算"差集"命令 ，选择生成的所有圆头圆管，单击右键确定完成差集运算（图 4-232），将差集运算后的物件镜像 ⚒（图 4-233）。选择镜像物件，单击"单轴缩放" ▦，以镜像物件最顶部为基准缩放点，缩小镜像物件（图 4-234）。

图 4-232　布尔运算差集

图 4-233　镜像

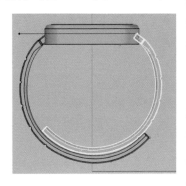

图 4-234　缩小表带

绘制直线（图 4-235），修剪 ✂缩放后的镜像物件（图 4-236）。

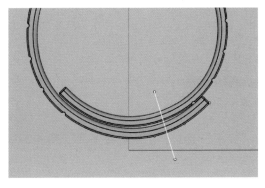

图 4-235　绘制直线

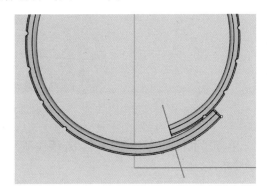

图 4-236　修剪表带

在靠近修剪部分适当位置绘制圆（图 4-237）。打开端点捕捉，使用"直线挤出"命令 ▮，命令行设置"两侧＝是，实体＝是"，捕捉修剪物件最外侧端点，挤出一个实体圆柱（图 4-238）。使用"边缘圆角"命令 ▮，对实体圆柱进行圆角处理（图 4-239）。绘制一条直线（图 4-240），修剪 ✂圆角后的圆柱体（图 4-241）。

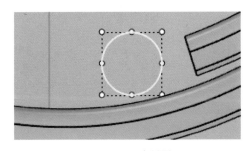

图 4-237　绘制圆

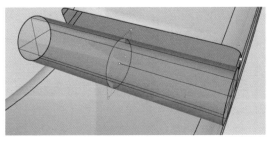

图 4-238　挤出圆柱体

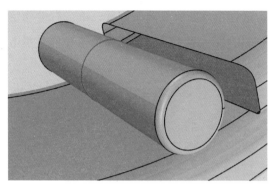

图 4-239　圆角圆柱体

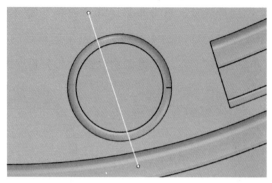

图 4-240　绘制直线

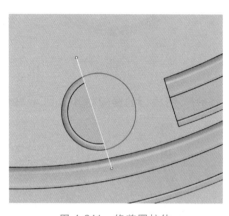

图 4-241　修剪圆柱体

单击"混接曲线"命令 ，连续性都设置为"曲率"连接，生成混接曲线（图 4-242～图 4-245）。

将 4 条混接曲线镜像 至另一侧（图 4-246）。单击"双轨扫掠"命令以 ，混接曲线为导轨，连续性选项设置均为"曲率"连接（图 4-247），生成扫掠曲面（图 4-248、图 4-249）。

完成扫掠后，组合 曲面（图 4-250）。

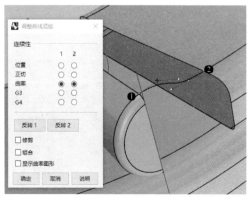

图 4-242　混接曲线（1）

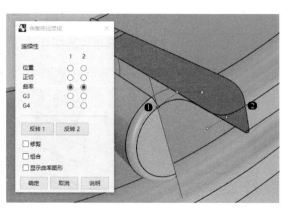

图 4-243　混接曲线（2）

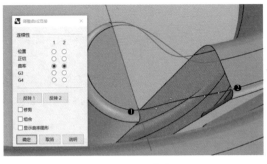

图 4-244 混接曲线（3）

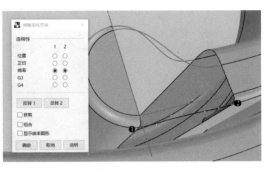

图 4-245 混接曲线（4）

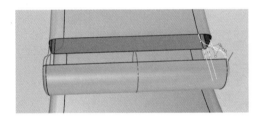

图 4-246 曲线镜像

图 4-247 双轨扫掠连续性选项设置

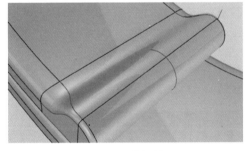

图 4-248 双轨扫掠（1）

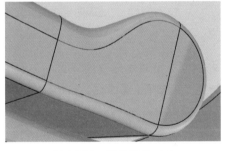

图 4-249 双轨扫掠（2）

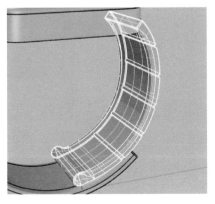

图 4-250 组合曲面

绘制针扣曲线（图 4-251）和轮廓曲线（图 4-252）。

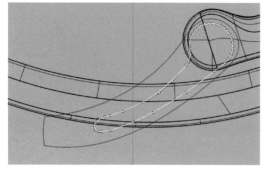

图 4-251　绘制针扣曲线

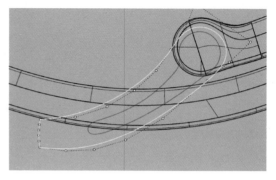

图 4-252　绘制轮廓曲线

使用"直线挤出"命令 ，命令行设置"两侧＝是，实体＝是"，选择轮廓曲线，挤出一个实体（图 4-253）。

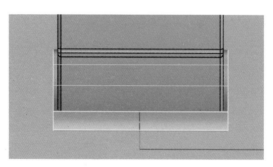

图 4-253　挤出实体（1）

绘制一个圆角矩形（图 4-254），使用"直线挤出"命令 ，命令行设置"两侧＝是，实体＝是"，选择轮廓曲线，挤出一个实体（图 4-255）。

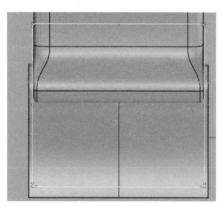

图 4-254　绘制圆角矩形

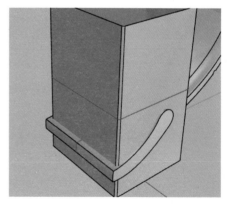

图 4-255　挤出实体（2）

选择实体（图 4-253），单击"布尔运算差集"命令 ，选择实体（图 4-255），右键确定完成差集运算（图 4-256）。使用"直线挤出"命令 ，命令行设置"两侧＝是，实体＝是"，选择针扣曲线，挤出一个实体（图 4-257）。绘制一个圆角矩形（图 4-258），使用

"直线挤出"命令 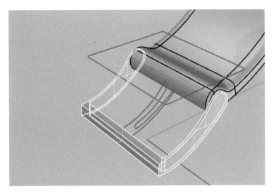，命令行设置"两侧＝是，实体＝是"，选择圆角矩形，挤出一个实体（图 4-259）。

图 4-256 布尔运算"差集"

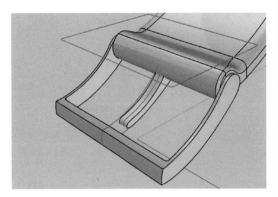

图 4-257 挤出实体

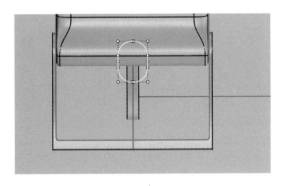

图 4-258 绘制圆角矩形

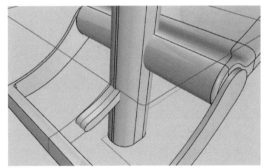

图 4-259 挤出实体

选择表带，单击布尔运算"差集"命令 ，选择圆角矩形挤出的实体，右键确定完成差集运算（图 4-260）。绘制圆（图 4-261），使用"直线挤出"命令 ，命令行设置"两侧＝是，实体＝是"，选择刚绘制的圆，挤出一个实体（图 4-262）。

绘制圆角矩形，挤出实体（图 4-263），在合适位置复制 ，移动并旋转 实体（图 4-264）。使用布尔运算"差集"命令 ，完成表带孔建模。

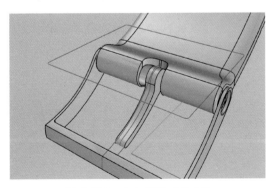

图 4-260 布尔运算"差集"

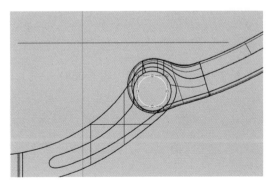

图 4-261 绘制圆

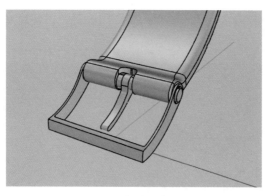

图 4-262　挤出实体（1）

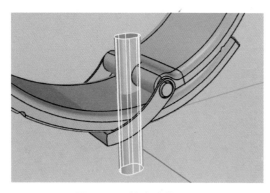

图 4-263　挤出实体（2）

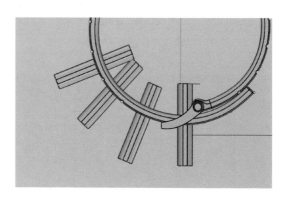

图 4-264　复制实体

4.3.5　智能手表机身细节建模

将表壳顶面水平镜像 ⊞ 一次，作为表壳背面（图 4-265）。使用"边缘斜角"命令 ◨，完善表身细节建模（图 4-266）。

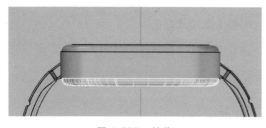

图 4-265　镜像

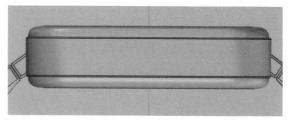

图 4-266　边缘斜角

绘制曲线（图 4-267、图 4-268）。

图 4-267　绘制曲线（1）

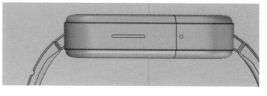

图 4-268　绘制曲线（2）

使用"直线挤出"命令  ，命令行设置"实体＝是"，选择曲线，挤出一个实体（图 4-269、图 4-270）。

图 4-269　挤出实体（1）

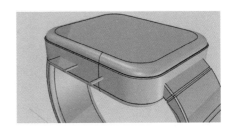
图 4-270　挤出实体（2）

按之前介绍过接缝线制作方法，完善表身细节（图 4-271）。复制表壳背面，并缩放，完成感应器建模（图 4-272）。

图 4-271　接缝线建模

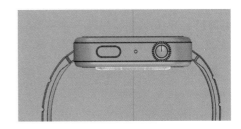
图 4-272　复制缩放，完成感应器建模

4.3.6　旋钮建模

绘制曲线（图 4-273）。捕捉端点绘制圆（图 4-274），用圆修剪 曲线（图 4-275）。使用"混接曲线"命令 ，以"曲率"连接曲线并组合 （图 4-276）。

选择曲线，单击"旋转成形"命令 ，生成旋转面（图 4-277）。绘制圆角矩形（图 4-278）。使用"直线挤出"命令 ，命令行设置"实体＝是"，选择曲线，挤出一个实体（图 4-279）。将旋转面先复制 一份。选择直线挤出的实体，单击"布尔运算差集"命令 ，选择旋转面，右键完成差集运算（图 4-280）。

图 4-273　绘制曲线

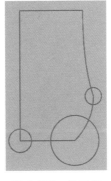
图 4-274　绘制圆

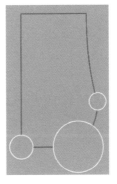
图 4-275　修剪

图 4-276　混接曲线

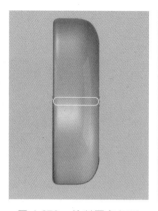

图 4-277　旋转成形　　　图 4-278　绘制圆角矩形　　　图 4-279　挤出实体　　　图 4-280　布尔运算差集

　　单击"粘贴"命令 📋 ，粘贴回旋转面。将差集生成的物件，向下移动一定距离（图 4-281），单击"旋转阵列"命令 💠 ，命令行设置阵列数为"24"。以旋转面的中心点为阵列基准点，右键确定完成阵列（图 4-282）。选择旋转面，单击布尔运算"差集"命令 ⬤ ，选择阵列物件，右键确定完成差集运算（图 4-283）。

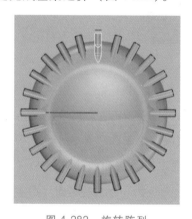
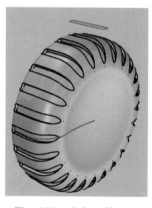

图 4-281　粘贴　　　　　　图 4-282　旋转阵列　　　　　　图 4-283　布尔运算差集

完成智能手表建模（图 4-284、图 4-285）。

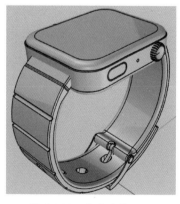
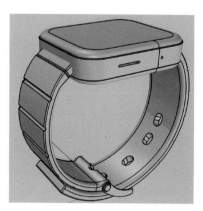

图 4-284　完成建模（1）　　　　　　　　　图 4-285　完成建模（2）

4.4 框架结构产品建模

4.4.1 造型建模分析

14 圈椅

圈椅是一个非常典型的框架结构式产品（图 4-286）。圈椅主体由椅腿、椅面、椅圈、联棒棍组成。整体给人感觉是一个四面镂空的框架样式。家具设计在产品设计中非常常见，通过学习这个案例，可以大概了解椅子以及框架结构造型的产品是如何建模的。一般框架结构产品建模时首先考虑使用实体建模方式。

图 4-286　圈椅

4.4.2 导入三视图

在命令行输入"picture"，导入图片并对齐视图（图 4-287）。

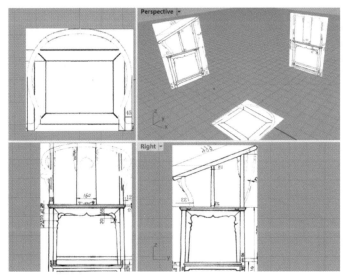

图 4-287　导入图片

4.4.3 绘制椅圈及椅面

绘制两条中心线（图 4-288、图 4-289）。先在"Top"视图绘制椅圈建模用曲线（图 4-290），然后在前视图中调整形状（图 4-291），在侧视图中继续调整曲线（图 4-292），调整完成后镜像曲线并组合（图 4-293）。

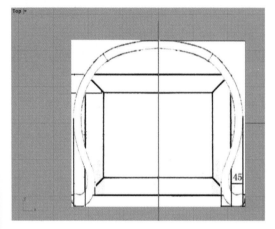

图 4-288　绘制中心辅助线（1）

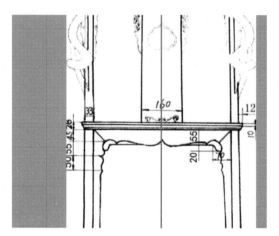

图 4-289　绘制中心辅助线（2）

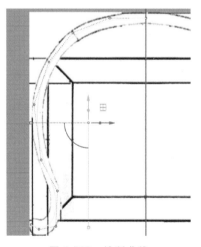

图 4-290　绘制曲线

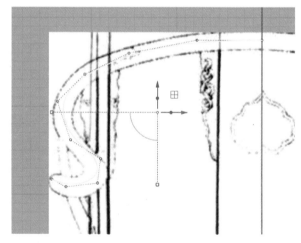

图 4-291　调整曲线（1）

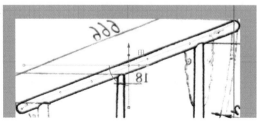

图 4-292　调整曲线（2）

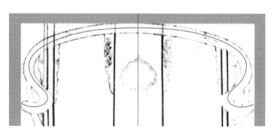

图 4-293　镜像曲线并组合曲线

绘制一个矩形（图 4-294），移动矩形至三视图椅面合适位置（图 4-295）；向下复制三个矩形，并将最下面两个矩形使用二轴缩放工具进行缩放（图 4-296）；直线挤出椅面（图 4-297）。

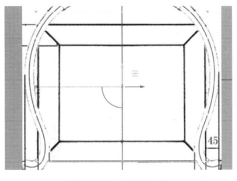

图 4-294　绘制矩形

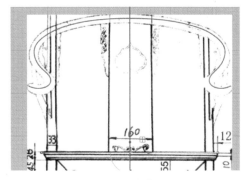

图 4-295　移动矩形

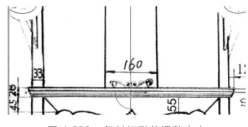

图 4-296　复制矩形并调整大小

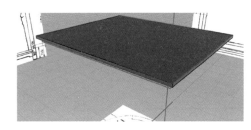

图 4-297　直线挤出

绘制矩形（图 4-298），挤出实体（图 4-299）；选择椅面实体及上一步挤出的实体进行布尔运算分割（图 4-300）。

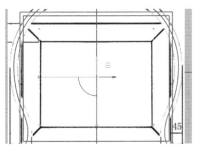

图 4-298　绘制矩形

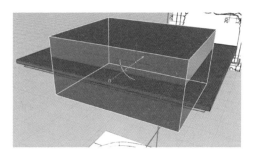

图 4-299　挤出实体

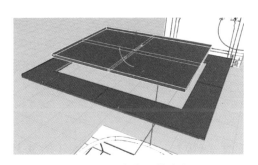

图 4-300　布尔运算分割

绘制 4 条直线（图 4-301），将椅面分割并实体加盖（图 4-302）。继续完成椅面下方部件的实体建模（图 4-303、图 4-304），使用圆管成形命令构建椅圈（图 4-305）。

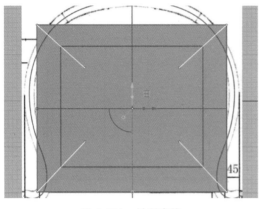

图 4-301　绘制直线

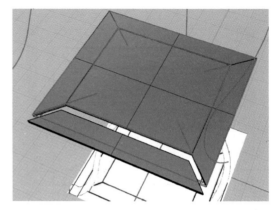

图 4-302　分割并加盖

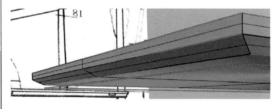

图 4-303　实体建模（1）

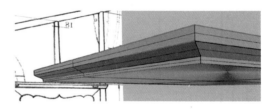

图 4-304　实体建模（2）

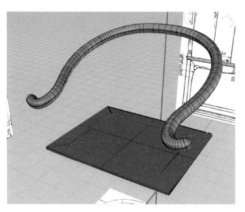

图 4-305　圆管成形构建椅圈

4.4.4　椅腿、鹅脖建模

绘制直线并调整位置使其稍微向内倾斜（图 4-306），圆管成形构建椅腿（图 4-307）。绘制鹅脖曲线（图 4-308），圆管成形构建鹅脖（图 4-309）。

4.4.5　牙子、牙条及靠背板建模

绘制封闭平面曲线（图 4-310），直线挤出实体（图 4-311）；绘制封闭平面曲线（图 4-312），直线挤出实体（图 4-313）；绘制两个圆柱体（图 4-314），绘制两条靠背曲线

（图 4-315）；使用单轨扫掠命令，选择椅圈曲线为路径曲线，两条靠背曲线为断面曲线，完成靠背曲面建模。使用曲面偏移命令，将靠背曲面实体偏移（图 4-316），完成圈椅建模。

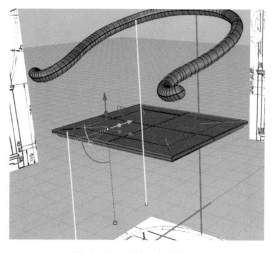

图 4-306　绘制椅腿直线

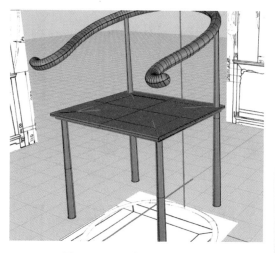

图 4-307　圆管成形构建椅腿

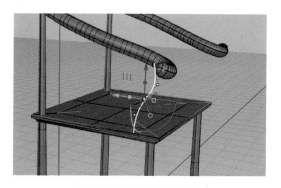

图 4-308　绘制鹅脖曲线

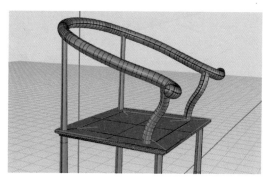

图 4-309　圆管成形构建鹅脖

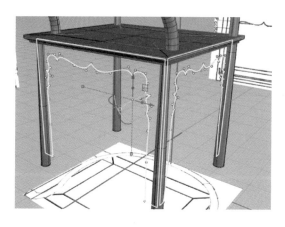

图 4-310　绘制封闭平面曲线（1）

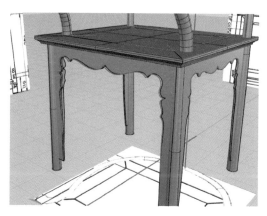

图 4-311　直线挤出实体（1）

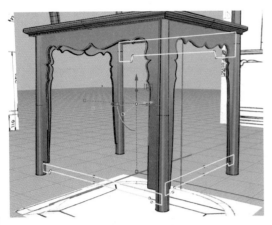

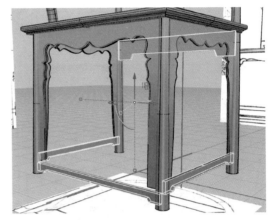

图 4-312　绘制封闭平面曲线（2）　　　　　图 4-313　直线挤出实体（2）

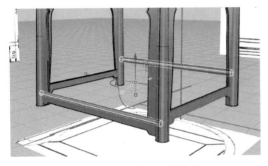

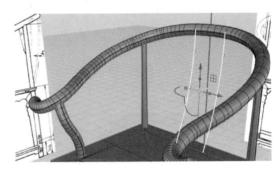

图 4-314　绘制两个圆柱体　　　　　　图 4-315　绘制两条靠背曲线

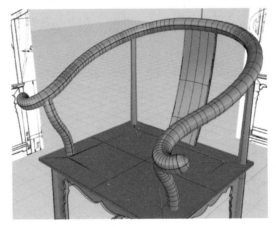

图 4-316　实体偏移，完成圈椅建模

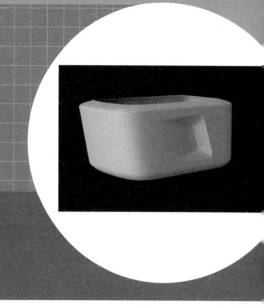

第 **5** 章

产品细节建模分析

【学习目标】

1) 了解产品造型中的渐消面特征。
2) 掌握典型渐消面建模方法。
3) 学会模拟圆角建模方法。

【学习重点】

1) 基础曲面的拆分。
2) 混接曲线及双轨扫掠在模拟圆角中的应用。
3) 调点建模方法。

5.1 渐消面建模

　　什么是渐消曲面？顾名思义，此类曲面沿主体曲面走势延伸至某处自然消失，也称为消失面。渐消面在产品造型中十分常见，较能体现速度感和流畅感，是表现曲面增强设计感的一种常用手段。

5.1.1 补面型渐消面建模分析

15　渐消面

　　绘制矩形（图5-1）并直线挤出 一个实体（图5-2）。炸开 挤出实体，绘制一条直线，在"Top"视图中，捕捉实体中点，水平镜像一条直线（图5-3）。将直线投影 至炸开的曲面上（图5-4）。

　　分割曲面并删除，打开中点捕捉，右键"以结构线分割曲面"（图5-5、图5-6）。

　　绘制直线（图5-7），投影 曲线（图5-8），分割 并删除曲面。

　　混接曲线 （图5-9、图5-10）。分割曲面边缘 （图5-11）。双轨扫掠 ，以混接曲线为轨道，分割的曲面边缘为断面，生成第一个连接曲面（图5-12）。

图 5-1　绘制矩形

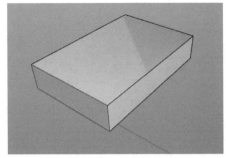

图 5-2　挤出并炸开实体

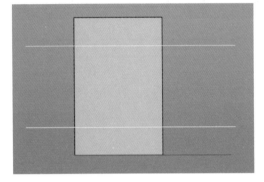

图 5-3　绘制投影线并镜像

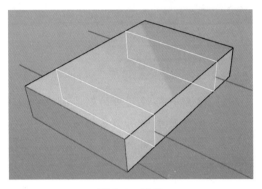

图 5-4　投影

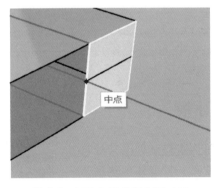

图 5-5　以结构线分割曲面（1）

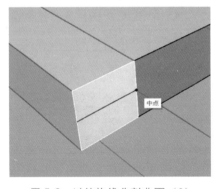

图 5-6　以结构线分割曲面（2）

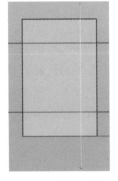

图 5-7　绘制直线

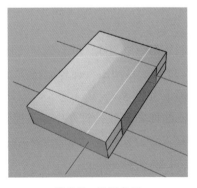

图 5-8　投影曲线

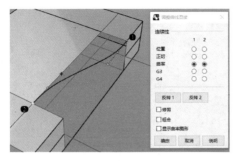

图 5-9 混接曲线（1）

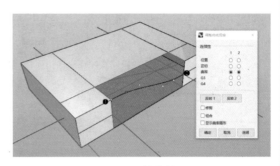

图 5-10 混接曲线（2）

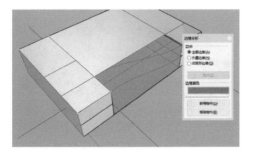

图 5-11 分割曲面边缘

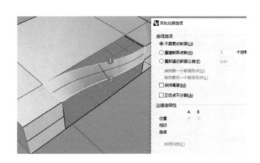

图 5-12 双轨扫掠选项设置

另一边的底部曲面按同样步骤建模（图 5-13），继续双轨扫掠补侧面曲面（图 5-14）。

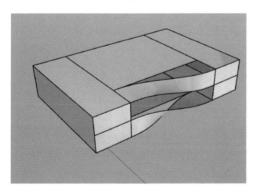

图 5-13 双轨扫掠（1）

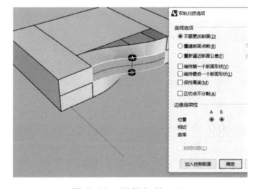

图 5-14 双轨扫掠（2）

分割边缘（图 5-15），单击"平面曲线生成曲面"命令 ○ ，选择 3 条曲面边缘，生成一个曲面（图 5-16）。

完成渐消面建模（图 5-17、图 5-18）。

5.1.2 曲面分割型渐消面建模分析

在"Top"视图中绘制两条曲线（可以先绘制一条曲线，另一条曲线通过复制移动控制点调整形状）（图 5-19），选择两条曲线放样 生成曲面，注意调整放样起始点位置及方向（图 5-20、图 5-21）。单击"插入节点"命令 （注意，方向不对的话，可在命令行中单击"切换"），在水平方向添加节点（图 5-22）。

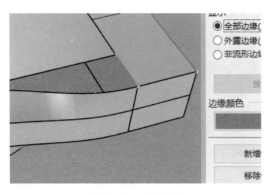

图 5-15 分割边缘

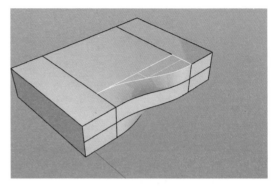

图 5-16 生成曲面

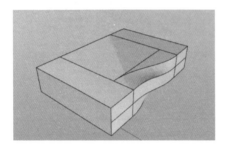

图 5-17 着色模式

图 5-18 渲染模式

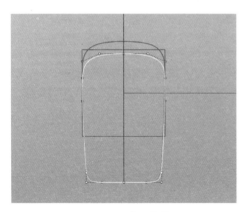

图 5-19 绘制曲线

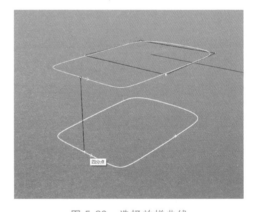

图 5-20 选择放样曲线

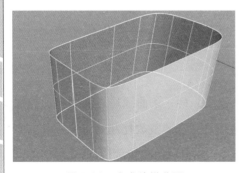

图 5-21 生成放样曲面

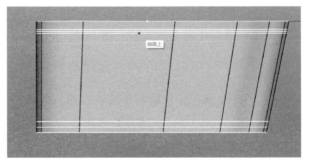

图 5-22 添加曲面结构线

按【F10】键打开曲面控制点，选择最底部一排控制点（图 5-23），使用"双轴缩放"命令 ，通过缩放控制点调整曲面形状，形成一个圆角过渡的折面（图 5-24）。

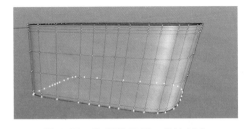

图 5-23　选择最低部一排控制点

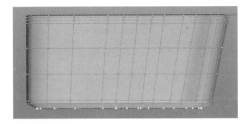

图 5-24　圆角过渡折面

选择顶部一排控制点（图 5-25），使用"双轴缩放"命令 ，通过缩放控制点调整曲面形状，形成一个圆角过渡的折面（图 5-26）。绘制两条曲线修剪曲面（图 5-27），在修剪处绘制 3 条直线做双轨扫掠用（图 5-28）。单击重建命令 ，重建 3 条直线为三阶四点曲线（图 5-29）。单击"分割边缘"命令 ，打开端点捕捉，捕捉重建曲线的端点处，分割曲面边缘（图 5-30）。

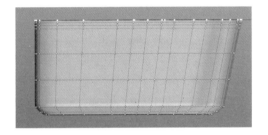

图 5-25　选择顶部一排控制点

图 5-26　圆角过渡折面

图 5-27　绘制曲线

图 5-28　修剪曲面继续绘制曲线

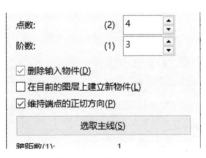

图 5-29　重建选项

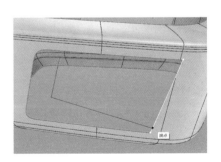

图 5-30　分割曲面边缘

单击"2，3，4边缘曲线生成曲面"命令 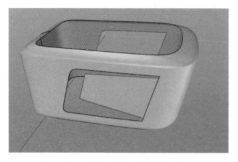，选择 3 条曲线和 1 条分割后的曲面边缘，生成一个曲面（图 5-31）。用"斑马纹"命令 ，检测两个曲面的连续性（图 5-32）。

图 5-31　4 条边缘曲线生成曲面

图 5-32　曲面斑马纹分析

单击"衔接曲面"命令 ，先单击 4 条边缘曲线生成的曲面边缘，再单击修剪后的大曲面边缘（衔接曲面选择曲面边缘或者曲线时和放样命令一样，注意要在相邻位置选取），衔接选项设置"连续性＝曲率，维持另一端＝位置，勾选以最近点衔接边缘，精确衔接，维持结构线方向"。完成曲面衔接，使用斑马纹继续检测曲面质量（图 5-33），斑马纹如呈曲线流动，则表示衔接质量不错。捕捉端点绘制两个圆（图 5-34），将圆投影 至衔接后的曲面上，打开端点捕捉，使用"分割边缘"命令 捕捉投影线端点分割曲面边缘（图 5-35）。生成混接曲线 （图 5-36）。

图 5-33　曲面衔接

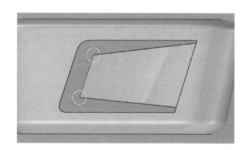

图 5-34　绘制圆

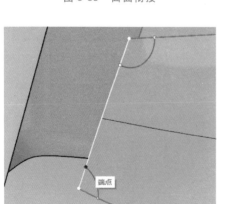

图 5-35　分割曲面边缘

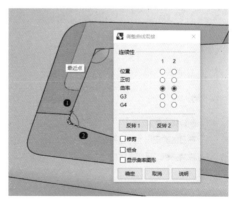

图 5-36　混接曲线修剪曲面

修剪曲面（图 5-37），右键单击 ，以"合并曲面边缘"命令，将曲面边缘合并（图 5-38）。

图 5-37　修剪曲面

图 5-38　合并边缘

双轨扫掠 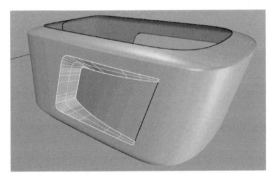 完成渐消面建模（图 5-39、图 5-40）。

图 5-39　双轨扫掠

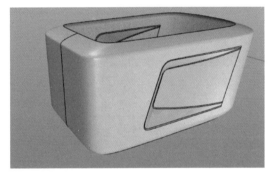

图 5-40　完成效果

5.1.3　调点式渐消面建模分析

移动曲面一部分控制点，破坏曲面原来连续性，完成渐消面建模（图 5-41）。

建模分析：曲面折痕从右侧逐渐向左侧渐消。

在"Top"视图中绘制 4 条曲线（图 5-42），将左右侧 4 个控制点选中并向下移动 （图 5-43）。

选择图 5-42 所示上下两条长曲线作为双轨扫掠 用的轨道，左右两条曲线为断面线，生成扫掠曲面（图 5-44），单击"插入节点"命令 （若方向不对，可在命令行单击"切换"），在水平方向添加节点（图 5-45）。

图 5-41　渐消面

右键命令"以结构线分割曲面" ，分割曲面。单击"缩回已修剪曲面" 将分割曲面结构点缩回（图 5-46）。选择右侧 4 个控制点，在侧视图向上移动 调整曲面形状（图 5-47）。

最终调整曲面形状如图 5-48 所示。将曲面镜像 ，完成渐消面建模（图 5-49）。

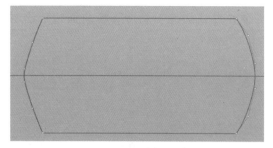

图 5-42　绘制 4 条曲线

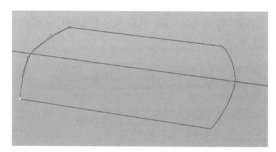

图 5-43　移动控制点，调整曲线形状

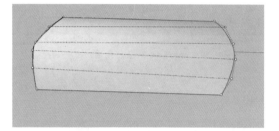

图 5-44　双轨扫掠

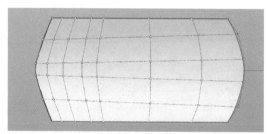

图 5-45　"插入节点"命令增加曲面控制点

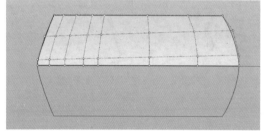

图 5-46　分割曲面并缩回结构点

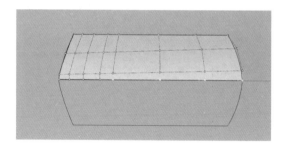

图 5-47　移动控制点

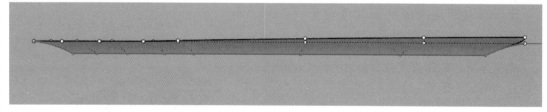

图 5-48　调整曲面形状

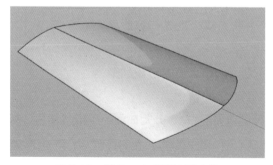

图 5-49　镜像，完成渐消面建模

5.2　辅助面倒角

初学者经常使用实体圆角工具进行倒角，这种方法的倒角只适用于简单造型的产品。复杂造型的产品倒角就需要用到 Rhino 中的辅助面倒角。辅助面在我们建模过程中起到一个协调作用，不作为主要形体面来讲解。现以图 5-50 所示案例介绍辅助面倒角。

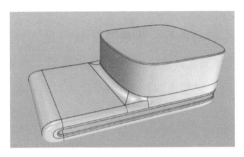

图 5-50　辅助面倒角

学习重点在于如何构建空间曲线生成顺接曲面，而不是直接使用圆角工具。

绘制两个可塑形圆（图 5-51a），阶数为"5"，点数为"12"，利用"设置 XYZ"工具，调整形状（图 5-51b）。

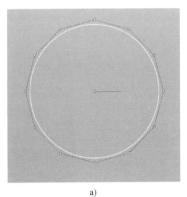

a)

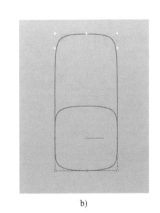

b)

图 5-51　绘制可塑形圆并调整形状

直线挤出两个实体（图 5-52），向下复制一个实体（图 5-53）。选择上面两个实体，单击布尔运算"合集"生成一个实体（图 5-54）。绘制一条直线（图 5-55）。

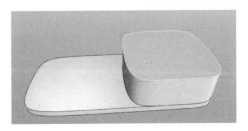

图 5-52　挤出两个实体

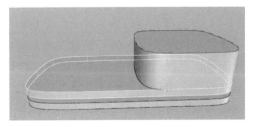

图 5-53　复制一个实体

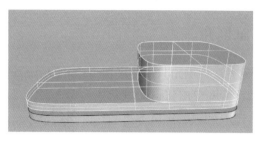

图 5-54　布尔运算"合集"

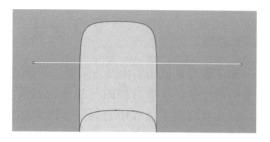

图 5-55　绘制一条直线

修剪 ⬛ 实体（图 5-56）。选择曲线，生成圆管 ⬛ （图 5-57）。选择圆管与修剪后的实体求相交线 ⬛ ，使用相交线修剪实体和以结构线分割曲面，生成处需要做辅助面倒角的空隙（图 5-58）。继续用"可调式混接曲线"命令 ⬛ 生成双轨扫掠所需端面线（图 5-59）。

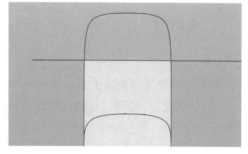

图 5-56　修剪实体（1）

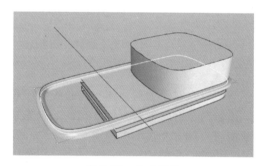

图 5-57　生成圆管

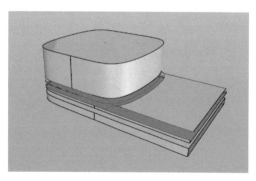

图 5-58　修剪实体（2）

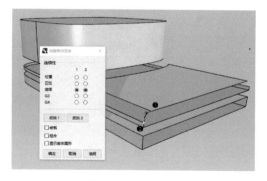

图 5-59　混接曲线

使用边缘分割工具 ⬛ ，分割边缘，方便后续双轨扫掠补面建模（图 5-60、图 5-61）。边缘分割后，混接曲线（图 5-62），双轨扫掠并提取结构线（图 5-63）继续生成混接曲线（图 5-64）。选择曲面边缘为导轨，混接曲线为端面线进行双轨扫掠（图 5-65）。

提取结构线（图 5-66）继续生成混接曲线（图 5-67），分割边缘（图 5-68）。选择曲面边缘为导轨，混接曲线为端面线进行双轨扫掠（图 5-69）。

网线建立曲面命令补面（图 5-70）。

把其他圆角面用双轨扫掠完成（图 5-71）。混接曲线（图 5-72、图 5-73）。双轨扫掠完成辅助面圆角模型建模（图 5-74）。

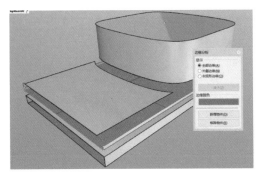

图 5-60　分割边缘（1）

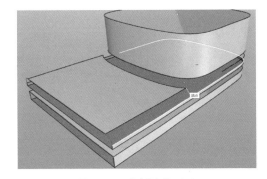

图 5-61　分割边缘（2）

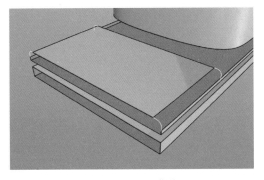

图 5-62　混接曲线

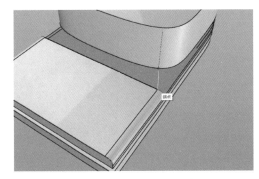

图 5-63　双轨扫掠并提取结构线

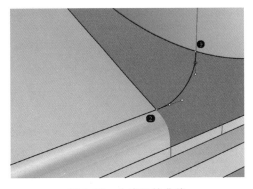

图 5-64　生成混接曲线

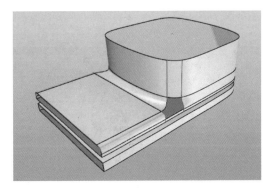

图 5-65　双轨扫掠

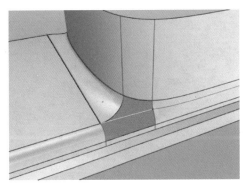

图 5-66　提取结构线

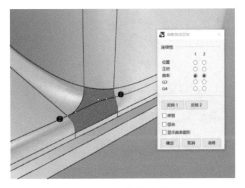

图 5-67　混接曲线

图 5-68　分割边缘

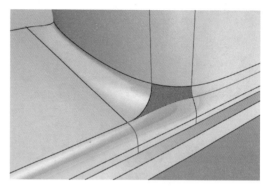

图 5-69　双轨扫掠

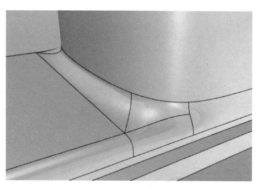

图 5-70　网线建立曲面补面

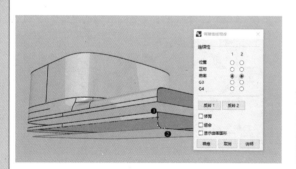

图 5-71　混接曲线双轨扫掠

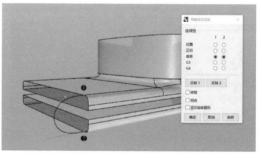

图 5-72　混接曲线

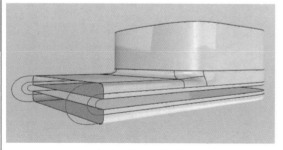

图 5-73　完成曲线混接

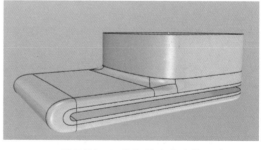

图 5-74　双轨扫掠完成建模

第 **6** 章

KeyShot渲染基础介绍

▶》【学习目标】

1) KeyShot 模型导入及输出。
2) KeyShot 环境设定。
3) KeyShot 材质设定。

▶》【学习重点】

1) KeyShot 渲染流程及常用渲染输出参数设置。
2) 不同类型产品的布光方法,渲染场景以及灯光参数设置。
3) KeyShot 常用材质设置及材质节点编辑方法。

KeyShot 是一款适合新手使用的独立渲染器,KeyShot 上手非常简单,因为强大的 HDR 和材质库可以让初学者在短时间内模拟出真实光照和丰富的材质的效果,掌握 Key-Shot 的关键不在于参数,而在于材质贴图和布光。本章的重点就是围绕材质贴图和布光进行讲解。

6.1 KeyShot 基本操作介绍

6.1.1 界面介绍及基础操作

17 KeyShot渲染

KeyShot 界面如图 6-1 所示。打开软件后需要先设置 CPU 使用量 (图 6-2),默认是 100%,如果按照默认参数,当使用 KeyShot 渲染时,计算机容易处于假死机状态。可根据计算机实际情况进行设置,例如计算机配置为 12 核 CPU,可以选择 83%,即 10 核 (图 6-3) 分配给 KeyShot 使用。

按快捷键【Space】(空格键) 会在界面右侧出现 "项目" 选项集 (图 6-4),它可以对场景中的一些材质进行编辑加工,需要的参数可以在项目中的 "场景" "材质" "相机" "环境" "照明" "图像" 选项中对应编辑。按快捷键【M】会在界面左侧出现 "库" 集合

（图 6-5），所谓库，就相当于一个仓库，存储着各种模型所需要的工具、材料、设备等，需要使用时，直接在库里面调用就可以了。按快捷键【Ctrl+P】会出现"渲染"对话框（图6-6），当窗口实时显示效果符合要求时，即可渲染输出。

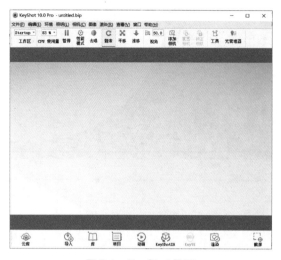

图 6-1　KeyShot 界面

图 6-2　CPU 使用量

图 6-3　CPU 选择

图 6-4　"项目"选项集

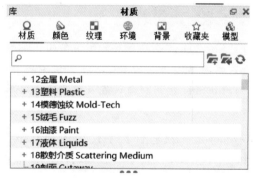

图 6-5　"库"集合

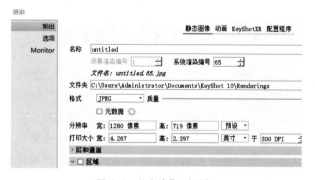

图 6-6　"渲染"对话框

　　按住鼠标左键并拖动，可以旋转视窗；按住鼠标中键并拖动，可以移动视窗；滚动鼠标滚轮可以缩放视窗。

6.1.2　模型导入及注意事项

在 KeyShot 中导入模型前，最好在 Rhino 中将模型按材质分好图层（图6-7）。本书使用的是 KeyShot10.0 版本，在导入 Rhino7.0 建立的模型时，在 Rhino 保存时需单击"另存为"，将模型保存成 Rhino6.0 版本（图6-8）。在文件菜单中单击"打开"→"导入"（图6-9），选择 Rhino 需要渲染的模型，模型导入设置如图6-10所示，注意在"位置"选项中设置向上为"Z"，"几何图形"中勾选"导入 NURBS"数据，单击"导入"即可完成模型导入（图6-11）。

图 6-7　按材质分层

图 6-8　保存为 6.0 格式

图 6-9　"打开"→"导入"模型

图 6-10　导入设置

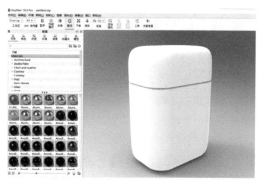

图 6-11　完成导入

6.2　KeyShot 渲染前期分析

6.2.1　分析同类产品场景

要渲染出一张效果比较好的图片，首先需要了解构图和打光。图 6-12 所示为一张构图简单的俯视图。从图片上看产品居于黑色背景上，只在产品的底部有阴影，四周没有阴影，可以分析出光源也比较简单，只是在产品的顶部打了一个主光源。

图 6-13 所示为一款粉色的蓝牙耳机，搭配了一个带自然光的白色场景。光源是从左往下，整个阴影边缘是

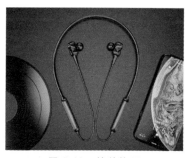

图 6-12　简单构图

比较硬的，同时由于光线角度问题，阴影面积较大，导致右下角显得比较暗。图 6-14 所示同样是一款粉色蓝牙耳机，搭配了同色系的场景，光源也是从左上方往下打，但是整个阴影

边缘比较柔和，阴影面积也适中。两张图对比，明显是图 6-14 整体画面感强。产品和场景同色系搭配使用，边缘柔和是目前使用广泛的一种渲染场景及布光方法。图 6-15 ~ 图 6-17 所示的这种场景图在各大电商网站上很常见。

图 6-13　白色场景

图 6-14　粉色场景

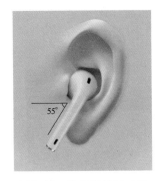

图 6-15　粉色系场景（1）

图 6-16　粉色系场景（2）

图 6-17　绿色系场景

6.2.2　蓝牙耳机渲染场景分析

以图 6-14 为例，简单分析场景构图和布光，整个场景以阶梯进行了一个对角线分布构图。场景布光比较简单，如图 6-18 所示，第一处光源是场景中最亮的，可以作为主光源；第二处一般为相对主光源方向，亮度减弱；第三处光源是为了照亮产品暗处细节而设置，整个场景阴影边缘比较柔和。因为产品反光也比较柔和，材质以磨砂材质为主，搭配白色LOGO。渲染前可以在 Rhino 中做好产品场景（图 6-19）。

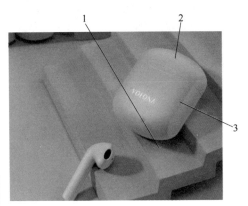

图 6-18　场景布光

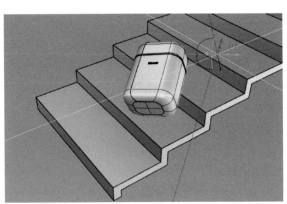

图 6-19　产品场景

产品设计三维表达

6.3 蓝牙耳机渲染场景布光

6.3.1 场景布光

将准备好的 Rhino 文件导入 KeyShot（图 6-20）。目前是一个默认 HDR 环境，阴影比较柔和，但是和参考图相比，在效果和方向上还是有一定差距。

新建一个环境 🌐，在 HDR 编辑器里设置颜色为黑色（图 6-21），为制作投影效果设置基础环境（图 6-22）。

图 6-20 导入 Rhino 文件

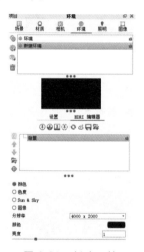

图 6-21 新建环境

图 6-22 设置基础环境为黑色

单击"添加针"命令 ⬇（图 6-23），先把耳机照亮（图 6-24）。

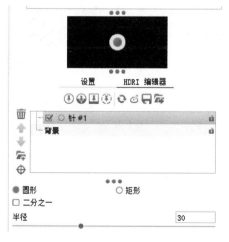

图 6-23 添加针

图 6-24 添加一个光源效果

移动鼠标，将第一个光源照在耳机上方，参考图产品的主光源从产品底面向产品顶面有一个亮度衰减的效果，可以调整下方位角和仰角。按【Ctrl】键和鼠标左键，添加第二个光源（图6-25），将第二个光源半径大小调小，调整位置。添加第三个光源，将主光源亮度调大（图6-26）。

图6-25　添加第二个光源效果　　　　　　　　图6-26　添加第三个光源效果

添加一个光源，作为太阳，以方便调整阴影，太阳光源半径大小调整为1，亮度调为1000。这时可以看到右侧有一个非常明显的投影（图6-27），调整阴影参数（图6-28）。

TIPS：作为投影用的光源，半径值越大、亮度越小，阴影越柔和；半径值越小、亮度越大，阴影越生硬。

图6-27　添加太阳光效果　　　　　　　　　　图6-28　调整阴影参数

光源基本确定后，调整背景色。一般背景色不采用纯黑，纯黑背景中，物体的阴影会给人感觉很闷（图6-29）。将背景设置为"色度"，右侧节点设置为40%灰度（图6-30），适当调节下产品位置，这样产品的阴影就比较生动，更有层次（图6-31）。

6.3.2　图像色度调整

打完光后进行调色，在项目窗口单击图像，在图像选项中选择摄影模式，画面会较之前面的显得暗一些。调整色调映射中的曝光、白平衡、对比度，渲染窗口显示会有一些小变化（图6-32、图6-33），画面会显得更清爽，参数如图6-34所示。

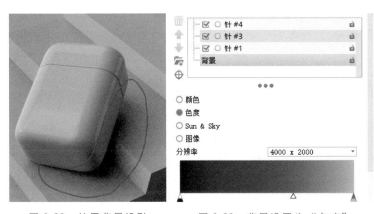

图 6-29 纯黑背景投影　　　　图 6-30 背景设置为"色度"　　　图 6-31 色度背景投影效果

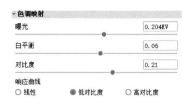

图 6-32 原始图像模式　　　　　图 6-33 摄影模式　　　　　图 6-34 色调映射参数

　　勾选曲线调整直方图（图 6-35），这里可以根据需要调整参数，画面也会略有不同（图 6-36）。

　　给产品赋予材质，效果如图 6-37 所示。

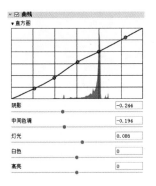

图 6-35 曲线调整　　　　　　图 6-36 调整后效果　　　　　图 6-37 赋予材质效果

6.4　渲染材质调节

6.4.1　物体属性调节

　　在项目场景中，右键单击楼梯，选择"解除链接材质"，进行楼梯材质的单独调节。楼梯目前是一个硬边，边缘没有光影效果，看上去比较单调（图6-38）。在场景中选择楼梯（图6-39），设置圆边参数（图6-40），设置完成后和之前有较大的变化，尤其是边缘处层次更丰富（图6-41）。

TiPS：如果楼梯在 Rhino 中导过圆角，那么这个圆边设置将没有效果。

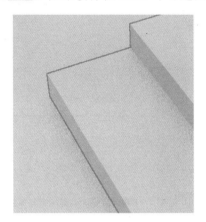

图 6-38　原始楼梯边缘效果

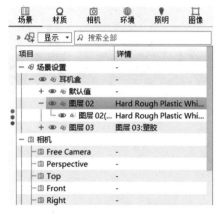

图 6-39　场景中选择楼梯部件

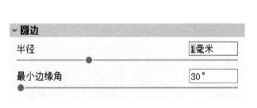

图 6-40　设置圆边参数

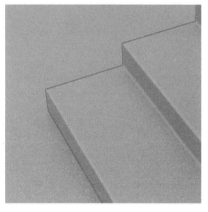

图 6-41　圆边后的楼梯边缘效果

6.4.2　地面和楼梯材质调节

现在地面和楼梯的材质略显平淡，电商产品图中用作背景的物体都会有很小的纹理呈现出来。双击地面，调出地面材质选项（图6-42）。单击"材质图" ┣━材质图，调出材质调节窗口（图6-43）。

选择两张粗糙纹理贴图，直接用鼠标拖进调节窗（图6-44）。为了实现地面的凹凸效果，右键单击调节窗空白处添加一个"凹凸添加"（图6-45）。鼠标左键连接材质节点（图6-46），窗口显示如图6-47所示。

分别双击纹理贴图（图6-48），将映射类型改为节点（图6-49）。右键添加"2D映射"，连接节点，这样可以通过"2D映射"一个节点，同时控制编辑两个"纹理贴图"节点（图6-50）。

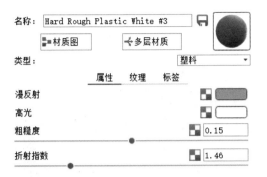

图 6-42　选择地面材质

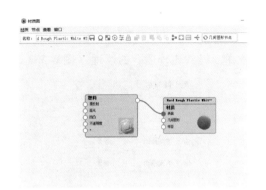

图 6-43　调出材质调节窗口

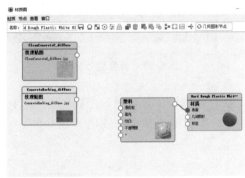

图 6-44　拖入纹理贴图

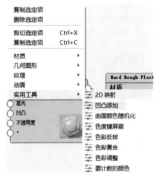

图 6-45　添加"凹凸添加"节点

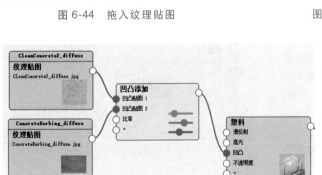

图 6-46　连接节点

图 6-47　原始粗糙地面材质效果

图 6-48　双击纹理贴图

图 6-49　更改映射类型

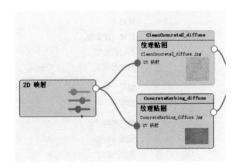

图 6-50　添加"2D 映射"节点，连接节点

目前地面纹理太大，双击"2D 映射"节点，可以调整参数（图 6-51）。如果觉得凹凸效果不合适，可以双击纹理贴图，调整凹凸参数进行调节（图 6-52）。将地面材质复制粘贴给楼梯，得到比较适合的纹理（图 6-53）。

图 6-51 调整贴图尺寸

图 6-52 调整凹凸高度

图 6-53 调整后效果

之前拖进去的纹理贴图是彩色的，添加"要计数的颜色"（图 6-54），连接其中一个纹理贴图节点（图 6-55）。在"要计数的颜色"节点上单击右键选择预览颜色（图 6-56），窗口显示该节点样式（图 6-57）。

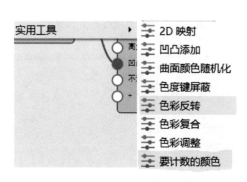

图 6-54 添加"要计数的颜色"节点

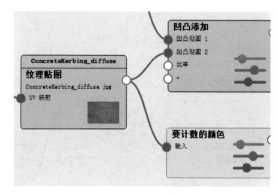

图 6-55 连接节点

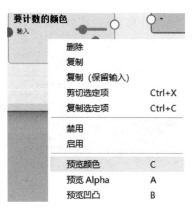

图 6-56 预览颜色

图 6-57 单独显示节点材质

产品设计三维表达

调整数值（图 6-58），窗口显示随之变化（图 6-59），这里需要注意，黑色越多，该材质就越光滑，反之就越粗糙。现在这张纹理贴图有重复现象，可以单独调整该贴图节点（图 6-60），调整后窗口显示随之变化（图 6-61）。

图 6-58　调整"要计数的颜色"数值

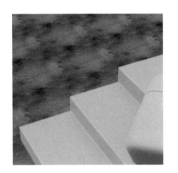

图 6-59　显示效果

图 6-60　调整贴图尺寸

图 6-61　调整后显示效果

通过鼠标左键将"要计数的颜色"连接至"塑料"节点的"+"号处，选择粗糙度（图 6-62），给塑料材质加一个粗糙度（图 6-63）。

完成地面和楼梯的材质调节（图 6-64）。

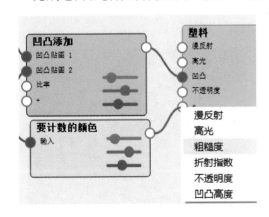

图 6-62　连接节点

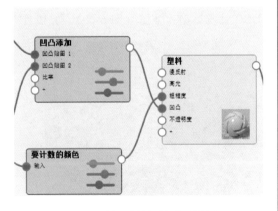

图 6-63　给塑料材质添加粗糙度

图 6-64　完成地面楼梯材质调节后效果

6.4.3　蓝牙耳机材质调节

蓝牙耳机外壳为硬质塑料外壳，选中耳机外壳，右键解除材质链接。在材质类型里，选择"塑料"作为基础材质（图 6-65），粗糙度设置为"0"，方便后面调节（图 6-66）。产品颜色稍微调深一点，和背景区分一下，然后回到环境调整光源（图 6-67）。如果喜欢表面反射强的效果，可以调整折射指数为 1.6~2.0。

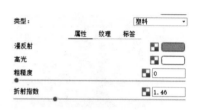

图 6-65　选择材质类型

图 6-66　粗糙度"0"效果

图 6-67　调整光源效果

现在产品表面的反光比较硬，可以加大粗糙度为 0.09，柔化反光边缘（图 6-68）。更改 LOGO 材质类型为金属（图 6-69），完成外壳材质调节（图 6-70）。

图 6-68　加大粗糙度柔化反光

图 6-69　调节 LOGO 材质

材质调节完以后大概效果如图 6-70 所示。画面远端的地面和楼梯分界线不明显，可以将地面材质解除链接，稍微加深，将两者区分开来（图 6-71）。

图 6-70　材质调节效果

图 6-71　调整地面材质

完成调节后，渲染输出，分辨率和输出选项可以根据电脑配置进行设置（图 6-72）。

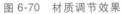

图 6-72　渲染输出

渲染效果图如图 6-73 所示。

图 6-73　渲染效果图

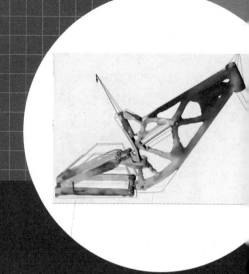

第 **7** 章

自行车车架建模及
Altair Inspire仿真应用

【学习目标】

1) 掌握 Altair Inspire 常用建模工具的使用。
2) 了解 Altair Inspire 仿真应用模型优化流程。

【学习重点】

1) 掌握 NURBS 曲面建模、实体建模和 PolyNURBS 建模。
2) 模型优化时材料及力学参数的设定。

7. 1 Altair Inspire 概述

　　Altair Inspire（图 7-1）是一款优秀的三维设计软件，它引入一种全新的设计思路，帮助设计工程师获取优质的结构方案，缩短开发周期，提升设计质量。用于设计前期，拥有几何建模、结构仿真和优化功能。通过设定约束、工况、材料等条件进行优化及仿真。支持传统工艺及增材制造工艺的零件及装配体设计优化。

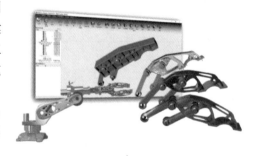

　　Altair Inspire 设计工具包括两个软件产品：生成结构概念方案的优化模块 Inspire 和进行产品建模与表现的模块 Studio。

图 7-1　Altair Inspire 界面

　　Altair Inspire 拥有颠覆性的设计理念，在一个友好易用的软件环境中提供"仿真驱动设计"的创新工具。它应用于设计流程的早期，为设计工程师量身定制，帮助他们生成和探索高效的结构基础。Inspire 采用 Altair 先进的 OptiStruct 优化求解器，根据给定的设计空间、材料属性以及受力需求生成理想的形状。根据软件生成的结果再进行结构设计，既能减少整个设计流程的时间，又能节省材料及减重。

7.1.1　Altair Studio 灵活高效的建模和造型设计工具

Studio 是高度融合的三维建模与渲染环境，让设计师和工程师以超越以往的高效方式评估、探索、视觉化设计。Studio 软件风格简洁，建模工具丰富。支持对三维几何模型的创建、调整和模型简化操作。集成了曲线构建曲面、实体建模和 PolyNURBS 多边形建模三种不同建模方式。能够通过草图工具绘制草图，结合挤出、旋转、放样等工具实现建模，同样也可以通过实体间布尔运算的方法实现模型间的编辑和调整。

7.1.2　融合的三维建模方式

Studio 集成了 NURBS 曲面建模、实体建模和 PolyNURBS 建模三种不同的建模方式，三种建模方式都基于 Parasolid 内核。

NURBS 曲面建模操作灵活，具有较高的曲面质量，实体建模方式能使模型具有精确的尺寸，PolyNURBS 建模能够实现灵活自由的建模（图 7-2）。

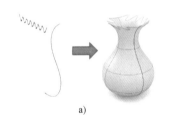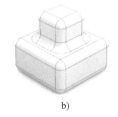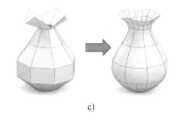

a)　　　　　　　　　　　　b)　　　　　　　　　　　　c)

图 7-2　不同建模方法示意

（1）NURBS 建模　Studio 能够对创建的各种 NURBS 曲线进行挤出、旋转、放样、扫掠、蒙皮等操作，从而实现由空间 NURBS 曲线构建曲面和三维实体的操作。

（2）实体建模　通过曲面修剪、剪切、延伸曲面能够实现 NURBS 曲面的编辑和调整功能。通过布尔运算、倒圆角、抽壳等操作能够实现对实体模型的编辑功能。支持倒圆角高级处理，对建模常见 Y 形尖角、三边交汇、特征重叠等部位需进行自动倒圆角光顺，形成至少连续性满足 G1 的 NURBS 曲面过渡。

（3）PolyNURBS 建模　通过 PolyNURBS 建模工具实现对复杂几何造型和曲面的建模功能。

Studio 支持实体 PolyNURBS、曲面 PolyNURBS；支持多边形与 PolyNURBS 的显示切换；支持在多边形状态下进行实体编辑；支持 PolyNURBS 添加循环边，支持手动划分任意边数多边形；支持多种基础形状，如多边形直接绘制、多边立方体、多边四分球体、多边平面、多边圆盘、多边柱体、多边圆环、多边球体；支持 PolyNURBS 智能选择，支持一次性选择边界，循环顶点、边、面及相邻元素，并支持反向选择；支持 PolyNURBS 所有面法线显示，并可对法线方向进行统一；支持多个对象合并 PolyNURBS，并在合并同时对重合顶点进行自动光顺处理；支持 PolyNURBS 控制点接合，支持控制点在公差范围内自动接合；支持将 NURBS 曲面转化为多边形，并以 PolyNURBS 方式进行编辑；支持对由外部导入的多边形继续进行 PolyNURBS 编辑，如 .obj 或 .stl 文件；支持自动识别并填充未封闭多边形，支持手动绘制。制填充多边形；支持 PolyNURBS 独立面的提取、复制、合并、移除；支持

PolyNURBS 边线桥接，支持 PolyNURBS 面桥接；支持 PolyNURBS 边线强度锐化；支持 PolyNURBS 参数信息显示（图 7-3）。

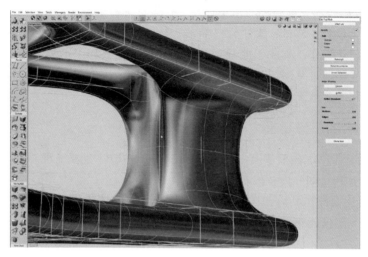

图 7-3　Studio 建模

7.1.3　Studio 结构历史进程功能

Studio 的结构历史进程功能（图 7-4）支持对曲线构建曲面，实体建模和 PolyNURBS 多边形建模三种不同的建模方式。通过编辑建模过程中的曲线、曲面、PolyNURBS 可编辑多边形实现模型结果的实时变化。

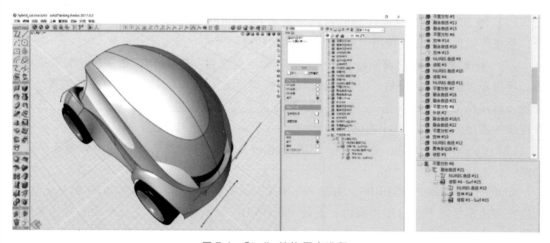

图 7-4　Studio 结构历史进程

7.1.4　三维格式的导入导出

Studio 支持包括 3ds、ACIS、Adobe Illustrator、CATIA（V4，V5 & V6）、dwg、dxf、H3D、I-DEAS、iges、Inventor、NX、obj、Parasolid、Point Cloud、Creo、Rhinoceros、Solid-Works、step、stl 等格式二维和三维数据的导入。

Studio 支持包括 3ds、iges、Maya ASCII、obj、Parasolid、Rhinoceros、step、stl 等格式二

维和三维数据的导出。支持直接读取点云格式，并基于点云生成曲线、曲面。

  Studio 可检测 3D 打印模型是否为实体；可检测 3D 打印模型的体积、表面积，以估算打印成本；可对外部导入导出的 .stl 格式文件进行造型重构、网格简化；可设置 .stl 文件的网格细分程度，如设定网格细分、网格尺寸、网格形状等，以控制打印产品的精细程度；支持对打印模型进行迭代式细分网格。

7.2 车架基本建模

  仿真驱动的设计方式是通过仿真优化技术对实际设计的合理性进行引导，由三维设计工具在优化结果的基础上进行产品设计。通过软件进行优化需要了解设计产品的基本力学环境和载荷条件，并且需要有一个基本的三维模型。

  对于自行车车架的案例，我们可以通过建模工具进行车架的基本建模，以获得优化所需要的三维模型。Studio 具有 NURBS 曲线曲面建模，实体建模和多边形建模三种不同的建模方式。我们可以使用基本的 NURBS 建模工具进行自行车车架的基本建模。

  NURBS 建模方式首先需要构建基本的 NURBS 曲线，在曲线的基础上进行相应的面操作，获得实体的模型。

  Studio 的 NURBS 建模构建过程由结构历史进程串连，曲线的调整可以对三维模型产生影响，曲线与曲线之间也可以通过"融合曲线"建立联系，不同曲线间的改变也会互相关联，这种建模方式能够比较方便地在前期进行概念模型的快速调整。

7.2.1 建立基本 NURBS 曲线

  在 Studio 中使用 NURBS 曲线工具栏下的曲线建模工具进行基础模型的构建。使用"折线工具"勾勒出车架的基本范围（图 7-5）。安装位置可以使用"圆"工具绘制安装孔，大小可以通过圆的半径至进行修改。

  对于形状稍复杂的曲线截面，可以构建数个 NURBS 曲线，然后通过曲线工具栏下的"交切曲线"工具对多个曲线进行交切操作，获得完整的截面曲线。

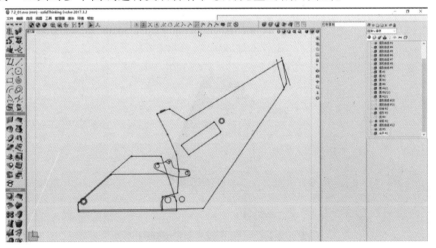

图 7-5 折线工具

NURBS 曲线可以通过转换工具栏下的"平移"或者"旋转"工具进行任意移动和旋转。移动旋转的距离尺寸可以通过具体数值来控制。

7.2.2 NURBS 曲线挤出三维实体模型

在 NURBS 曲线的基础上，通过"曲面"工具栏下的"挤出"工具，由曲线挤出三维实体模型。默认情况下，由轮廓曲线挤出的是不封闭的面片，勾选控制面板下的"封口"，此时挤出的为封闭的实体（图 7-6）。

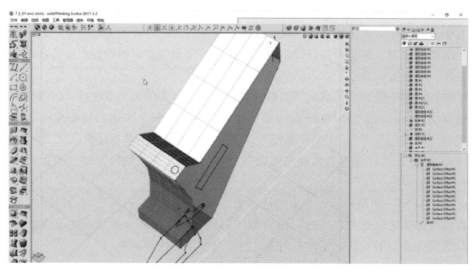

图 7-6 挤 出

7.2.3 由曲线制作旋转体

对于旋转体的基本几何体，使用"曲面"工具栏下的"旋转"工具，由曲线旋转出三维实体模型。此时旋转出来的是没有厚度的曲面面片（图 7-7）。

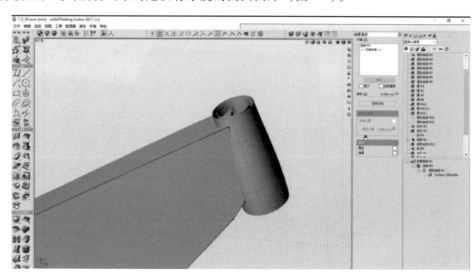

图 7-7 旋 转

使用"曲面"工具栏下的"曲面偏移"工具,由旋转曲面偏移出相应距离的面片。勾选控制面板下的"增厚"。由没有厚度的曲面增厚为实体(图7-8)。

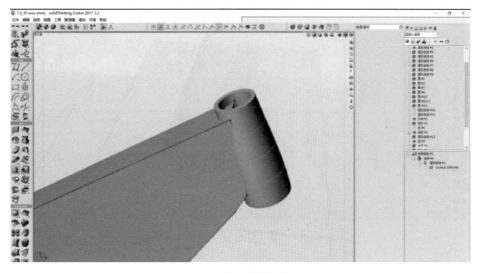

图7-8 曲面增厚为实体

7.2.4 修剪挤出的基本实体

通过实体之间互相修剪消除实体与实体之间的重叠区域(图7-9),为后续的优化操作建立生成接触的条件。

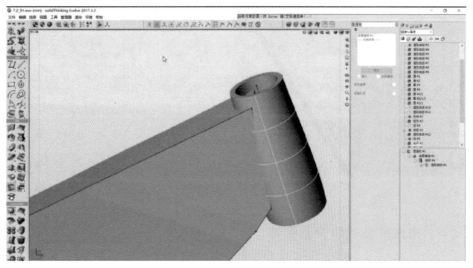

图7-9 修剪实体

在之前旋转体的基础上,使用"曲面"工具下的"面提取"工具提取旋转面。通过"补块"工具把旋转体上下面补上(图7-10)。在"转换"工具栏下,用"合并"工具把三个面片合并成实体。

使用"曲面"工具下的"布尔运算差集"工具由车架实体减去旋转体,从而去除三维

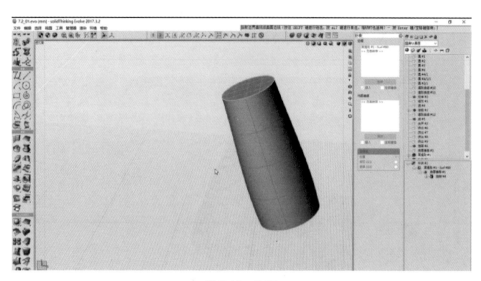

图 7-10　补面

模型间的重叠部分（图 7-11）。通过鼠标单击不放"交切"工具，在弹出的工具栏中可以选到"布尔运算差集"工具。

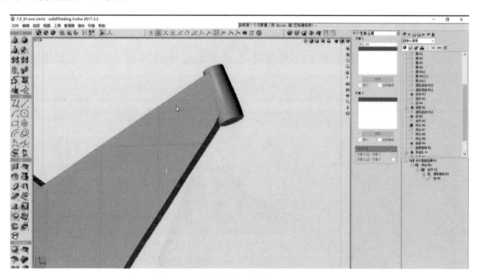

图 7-11　差集

7.2.5　由曲线修剪和分割实体

对于一些安装孔之类的位置可以通过"修剪"工具进行局部剪切。选择"曲面"工具下的"修剪"对实体进行剪切（图 7-12）。可以选择保留外部或者保留内部，对于轴套类的结构可以选择保留两者。

对称的结构可以完成分割后通过镜像完成另一侧。选择"转换"工具栏下的"平面对称"工具，在垂直于对称平面的视图（这里选择顶视图）上选择两个点作为镜像平面完成镜像（图 7-13）。

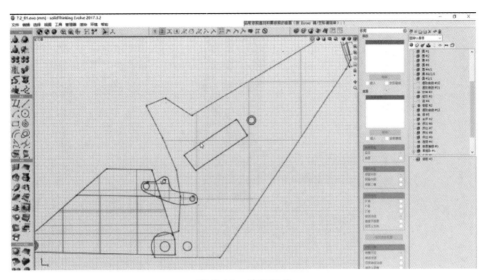

图 7-12　修剪实体

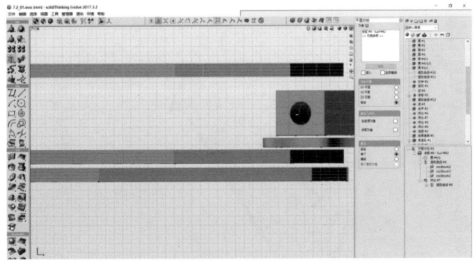

图 7-13　镜像

7.2.6　创建连接零部件

由安装孔的位置创建安装孔之间的连接零部件。通常的做法可以基于原有的曲线或者实体模型。基于这些现有的几何特征完成连接部件的制作。由于 Studio 具有完整的结构历史进程，这就意味着主体模型的调整和更改会使连接部件也相应更改，实现更加灵活的设计调整。

选择"曲线"工具栏下的"提取曲线"工具提取几何特征上的曲线，使用"偏移曲线"工具能够从几何特征上偏移出指定距离的曲线，通过"挤出"命令挤出相应的实体。利用"修剪"工具进行相应的剪裁操作（图 7-14）。

实体之间的合并可以通过"曲面"工具下的"布尔运算合集"工具进行实体间的合并。

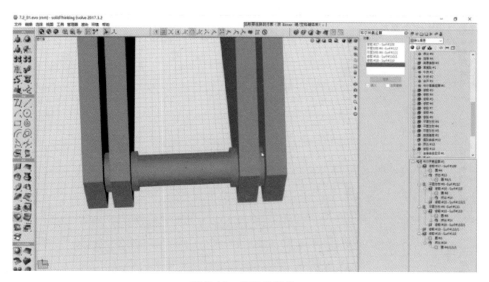

图 7-14　挤出并修剪

鼠标单击不放"交切"工具，弹出的工具栏中可以选到"布尔运算合集"。最终完成自行车车架的基本三维建模（图 7-15）。

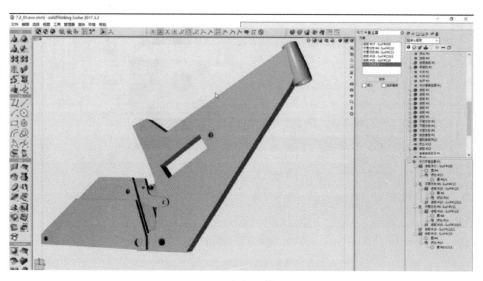

图 7-15　布尔运算合集

由于 Studio 不同的建模方式都是基于 Parasolid 内核，能够以常用的实体三维模型格式导出三维模型，基础模型完成之后可以将模型另存成 x_t 格式或者 step 格式至 Inspire 进行优化和分析。

7.3　Altair Inspire 力学测试优化

自行车车架的基础模型完成之后，我们可以利用 Altair Inspire 对基础模型进行优化和性能分析。

结构优化是指在给定载荷条件下，通过软件找到最佳的材料分布方式。在 Inspire 中，由 Altair 的 OptiStruct 求解器进行结构优化求解和性能分析计算，整个过程在后台自动进行。

优化的过程需要遵循相应的步骤（图 7-16）。首先需要确定三维实体模型的材料，几何模型的清理、分割和定义设计与非设计空间，其次设置相应的优化方法和优化参数，最后获得优化结果，分析优化结果的性能。我们可以在优化结果的基础上进行几何重构和再设计，通过仿真的方法来引导和驱动设计的实施。

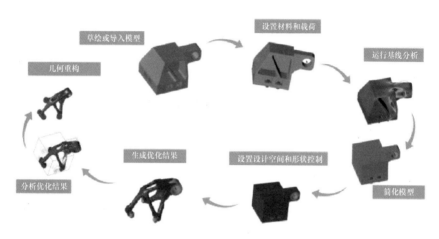

图 7-16　Inspire 基本工作流程

7.3.1　基本模型的导入和材料设置

单击"文件"→"打开"，将基础的实体模型导入到 Inspire 中，按【F2】与【F3】键分别打开 Inspire 的模型浏览器和属性编辑器（图 7-17）。在模型浏览器中右键单击模型，选择"材料"，在弹出的材料列表里为模型选择相应的材料，默认情况下是 304 钢材料。此时，能够看到自行车车架每一个部件的质量属性。

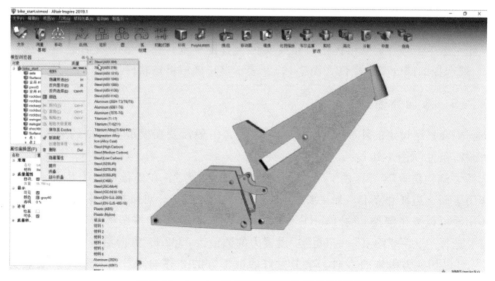

图 7-17　Inspire 的模型浏览器和属性编辑器

如果所需要的材料在材料列表里面找不到，可以通过"结构仿真"→"材料"→"我的材料"标签，单击"创建新材料"，输入相应的材料属性来自定义材料。新建完成后会在右键菜单中出现自定义的材料，这样就能给实体模型赋予自定义的材料属性。

7.3.2　分割和定义设计空间和非设计空间

在进行结构优化之前，需要对模型划分设计空间和非设计空间。非设计空间通常是一些安装部件和不希望变动的实体几何，设计空间则是需要软件对其进行结构优化的部分。

使用"几何"工具栏下的"分割"工具，软件会自动探测到可以分割的部分并红色高亮显示（图 7-18），鼠标单击需要分割的位置，输入相应的分割厚度值，右键确定之后完成分割。如果单击"分割所有"将会分割所有高亮区域。

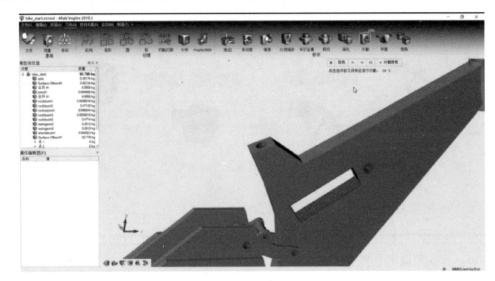

图 7-18　红色高亮显示

"分割"的过程也可以手动选择和调整。单击小工具栏上的"清除选择"可以不考虑软件的探测结果，根据自己的需要选择相应的面进行几何分割。

鼠标左键单击选择需要被优化的几何实体，右键单击，在弹出的对话框中勾选"设计空间"，被选择的部分变成棕色（图 7-19），表示这个区域将被软件优化。

7.3.3　添加外部载荷条件

Inspire 会根据设定的外部载荷条件进行优化，一般需要在模型上添加约束、力、扭矩、压强等载荷条件（图 7-20）。

选择"结构仿真"工具栏下"载荷"工具中的"力"，在外部的点上添加一个力。力可作用于面、边线和点上，如果要施加在面上的某一个点，可以按住【Shift】键，多选和减选作用面可以按住键盘上的【Ctrl】键。"载荷"工具是一个多图标的工具，可以根据实际的需要选择"力""约束""扭矩"。设置力的数值为 1332N，方向沿着 Z 轴方向向下，单击"Z"可以切换力沿轴的方向。单击力对话框下方的"移动力"可以移动和旋转力。此时，力和车架之间的联系还没有被建立起来，选择"结构仿真"工具栏下"连接器"，在力

产品设计三维表达

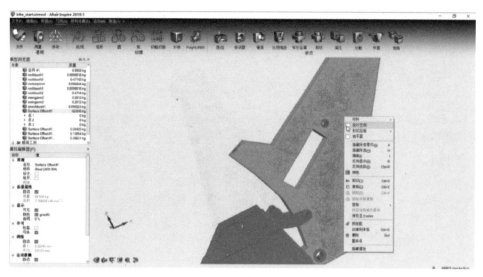

图 7-19　选择实体

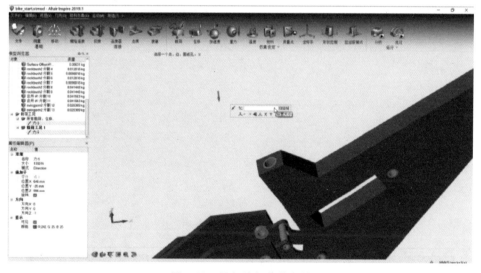

图 7-20　添加外部载荷条件

的作用点和安装孔之间建立"柔性"连接从而建立起力和安装位置之间的联系。使用同样的方法建立其他三个大小相同、方向不同的力，并用"连接器"建立力和作用物体之间的联系（图 7-21）。

　　选择"结构仿真"工具栏下"载荷"工具中的"约束"，在力的作用点上和轴孔位置添加约束条件（图 7-22）。双击约束图标，会显示相应的自由度图标，默认情况下会显示灰色，表示限制所有方向的自由度。单击图标上的轴，显示绿色，表示释放了相应的自由度。添加在下侧力作用点上的约束，释放掉 X 方向的移动自由度和 Y 方向的旋转自由度（图 7-23）。

　　在后侧轴孔位置添加的约束，默认情况下为轴孔约束，切换到"施加于点"约束。释放 Y 方向的旋转自由度（图 7-24）。

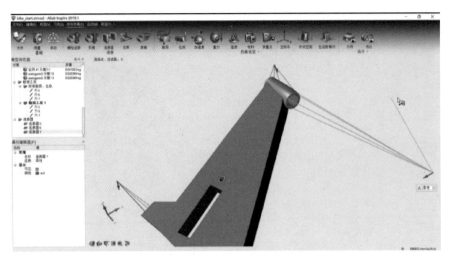

图 7-21　连接器

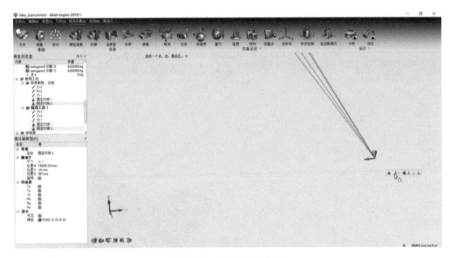

图 7-22　添加约束条件

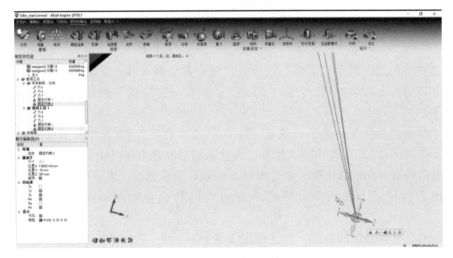

图 7-23　释放自由度

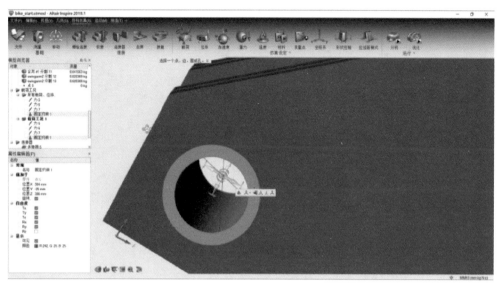

图 7-24　释放 Y 方向的旋转自由度

在踏板轴孔位置添加方向向下，大小为 2000N 的作用力（图 7-25）。

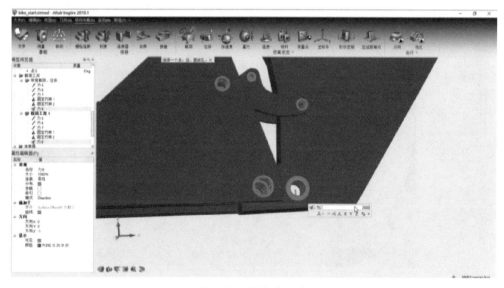

图 7-25　添加作用力

由于车架间的连接部件可以相对转动，使用"结构仿真"工具栏下的"铰接"工具建立部件和部件之间的联系。软件会自动探测到需要进行铰接的部分。单击"连接所有"可以自动创建所有铰接关系（图 7-26）。

可以选择"清除选择"，去除软件自动探测到的面，通过手动单击选择需要生成铰接的面。

铰接的类型可以通过单击铰接后的下拉列表中选择，有"铰接"和"接地铰接"等选项选择，可以根据实际的情况选择不同的铰接类型（图 7-27）。

单击"结构仿真"工具栏下的"接触"，检查部件与部件之间的接触情况。默认情况下

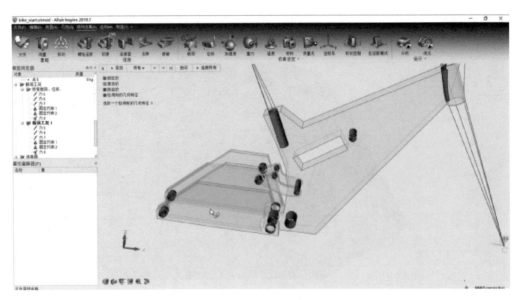

图 7-26　连接所有

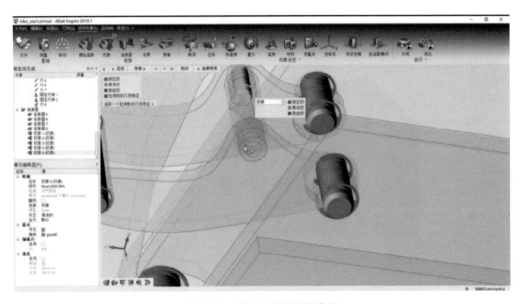

图 7-27　选择不同的铰接类型

重合面会自动建立"绑定接触"。单击接触位置可以选择"绑定接触""滑动接触"和"不设定接触"。需要避免因为三维几何间隙而造成"不设定接触"的产生。此时可以通过调整几何或者单击"寻找"指定相应的搜索范围让软件识别到相应的接触（图 7-28）。

　　建立不同的载荷工况。单击"载荷"工具下的"载荷工况"图标。打开载荷工况表。默认情况为单一载荷工况。可以单击"创建新的载荷工况"图标建立新的载荷工况（图 7-29）。

　　根据实际情况建立 4 个不同的载荷工况，共用 2 个约束条件。每个力分属在不同的载荷工况当中（图 7-30）。

产品设计三维表达

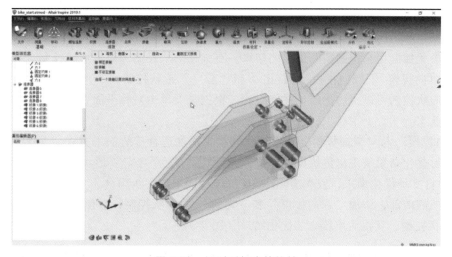

图 7-28　识别到相应的接触

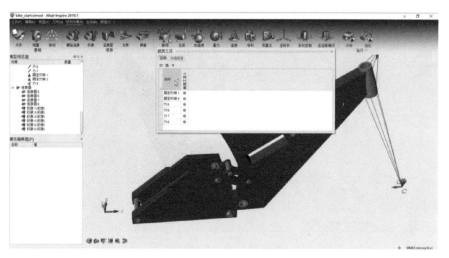

图 7-29　建立新的载荷工况

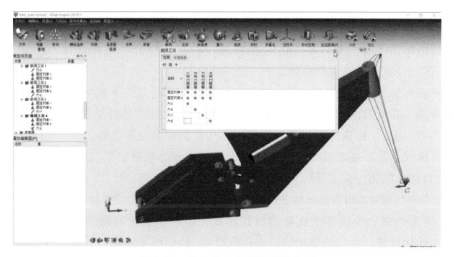

图 7-30　建立 4 个不同的载荷工况

7.3.4　创建优化形状控制

优化形状控制用来控制实际优化的结果。有拔模形状控制和对称形状控制。拔模形状控制包括"单向拔模""双向拔模""挤出"和"悬空"形状控制。

对称形状控制可以使优化结果强制对称。根据需要单击对称平面，红色为开启状态，灰色为关闭状态。

"单向拔模"与"双向拔模"能够使优化结果更加适合传统加工方式。"挤出"形状控制能够使得优化结果呈现出传统草图加拉伸的形状结果。"悬空"形状控制能够生成有利于3D打印的自支承优化结果，减少实际在3D打印过程中的支承用量。

在车架的前部，添加"双向拔模"和"对称"的形状控制，后侧对称的部分使用"挤出"的形状控制，获得简单传统的优化结果（图7-31）。

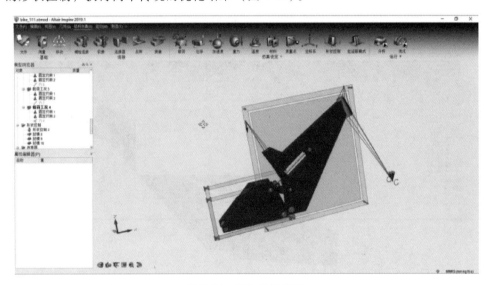

图 7-31　添加形状控制

7.3.5　优化参数设置与运行优化

在进行结构优化前，需要对优化的参数进行设置。单击"结构优化"下的"运行优化"，弹出优化设置对话框进行优化设置（图7-32）。

优化类型选择"拓扑优化"，拓扑优化能够在给定载荷条件下根据结构需要找到最佳的材料分布方式。其他的优化类型，"形貌优化"用来优化壳类部件结构；"厚度优化"用来优化钣金件的厚度；"栅格优化"可以生成用于增材制造的点阵结构。

优化目标根据需要可以选择"最大刚度法"和"最小质量法"，默认情况下为"最大刚度法"。选择优化的相应质量目标，默认值为30%。

如果有频率优化要求可以选择频率约束，选择最大化频率或者设置最小频率值（图7-33）。

"最小厚度约束"值决定了优化的精细程度，值越小优化越精细，优化会花更长的时间。值越大优化越快，相应的优化结果就越粗糙。"最小厚度约束"设置过小软件会提示建议值。相对较小的设置会有60min和15min的计算时间提醒。如果设置相对合理，软件会直

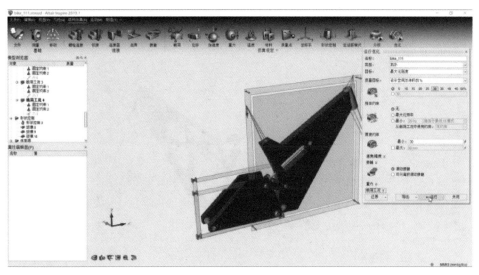

图 7-32　设置优化参数

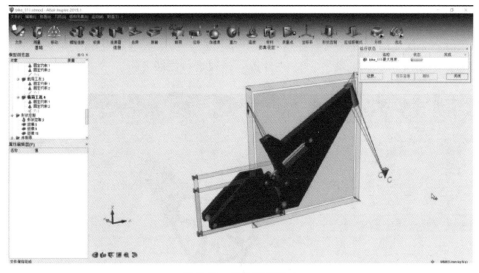

图 7-33　选择频率约束

接进行计算。这里可以设置为 30。

载荷工况选项默认情况下会考虑所有的载荷工况条件，可以根据实际需要取舍相应的载荷工况。

设置完成后可以单击运行，软件随即进入优化计算。当进度条完成后软件会返回相应的优化结果。可以拖动滑条滑块探索优化结果变化（图 7-34）。

在现实的情况中，可能根据实际生产的需要有不同的优化设置和形状控制方法，这样就会产生多个优化结果，这个是常见的，我们会对这些结果进行判断和取舍。如果对重量要求较高，可以选择一个重量最轻的结果；如果需要有相对好的性能，可以选一个性能分析结果优异的优化方案；如果考虑到加工和生产的成本，那么可以选择一个结构相对简单、容易生产加工的优化方案。

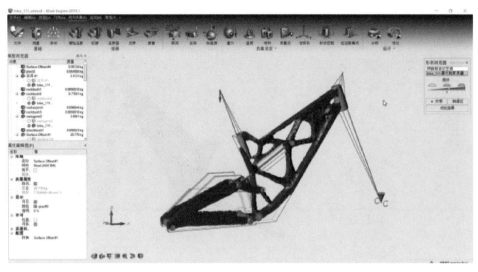

图 7-34 探索优化结果

7.3.6 优化结果性能分析

在获得一个优化结果后，我们可以使用 Inspire 的分析工具对优化的结果进行性能分析（图 7-35）。单击"形状浏览器"下的"分析"按钮进行性能分析。

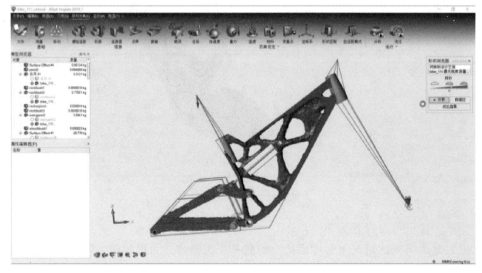

图 7-35 性能分析

完成分析后，会在分析浏览器中返回相应的分析结果，我们可以看到每一个载荷工况的性能情况以及综合所有工况的性能表现（图 7-36）。

可以查看不同的结果类型，如位移、安全系数位移。可以通过云图快速找到应力集中或有较大应力的危险区域。动画可以显示车架的受力变形趋势。

拖动云图数值滑条能够过滤掉应力小的安全区域，查看应力较大的区域。在数据明细中能够显示分析结果的最大和最小值，或者指定位置显示相应的性能数值。

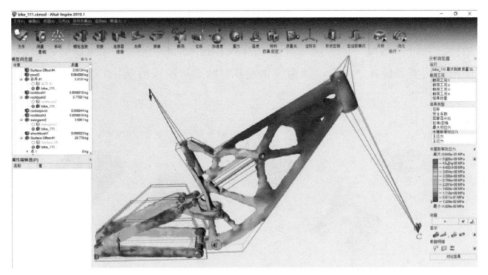

图 7-36　分析浏览器

如果有多个计算的结果，可以通过对比结果的方法，比较不同优化结果的性能情况。

7.4　车架模型优化

优化结果大多数情况下会呈现粗糙的网格状模型，可以直接导出 stl 文件进行打印生产。但是通常情况下，在有了一个优化结果后，需要在它的基础上作进一步的设计和建模。Inspire 提供了 PolyNURBS 的建模方法，配合相应的拟合工具可以快速、准确并且高质量地在优化结果的基础上构建出实体几何模型。

PolyNURBS 是一种多边形建模方式，不同的是它构建的模型是几何实体。对于多边形的建模方式来说，核心的操作就是对于控制多边形基本元素的调整。PolyNURBS 的顶点、边线和面都能够进行移动、旋转和缩放的操作，从而实现三维模型的调整。模型特征的增加通常使用面的"挤出""添加循环边线"，面与面的"桥接"等操作来实现。

PolyNURBS 这种多边形的建模方式比较适合构建异形的造型。构建的过程不受几何的限制。理论上有足够的几何元素就能体现足够复杂的造型结构（图 7-37）。

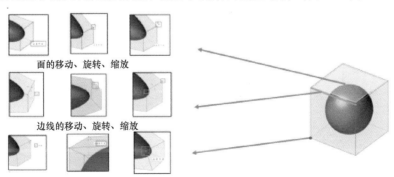

面的移动、旋转、缩放

边线的移动、旋转、缩放

顶点的移动、旋转、对齐

图 7-37　PolyNURBS 基本控制元素

PolyNURBS 建模的基本建模流程如图 7-38 所示，在基础的多边形立方体的基础上，使用"面挤出"工具添加特征。使用"添加循环边"工具分割现有的面，从而实现更小区域的特征添加。通过"桥接"的方法可以在 PolyNURBS 面与面之间建立相应的连接。可以在边缘添加循环边实现锐化，也可以使用锐化工具对指定边缘进行锐化。

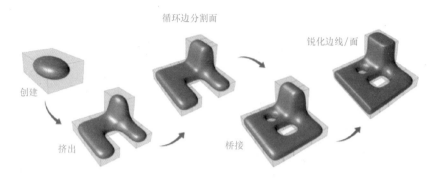

图 7-38　PolyNURBS 基本建模流程

7. 4. 1　Inspire PolyNURBS 优化结果几何重建

Inspire 除了具有 PolyNURBS 多边形建模功能之外，还针对优化结果的几何重构提供了"包覆""自适应"等工具。

"包覆"工具能够自动识别到优化结果的截面，从而十分有效地把 PolyNURBS 实体几何包裹在优化结果上。对于优化结果的重构和光顺，一般都是从 PolyNURBS 的"包覆"工具开始做起的。

使用"几何"工具栏下"PolyNURBS"工具里的"包覆"对车架的优化结果进行几何重构。根据结构的走势在结构分支处进行分段（图 7-39）。

有效地分段十分重要，我们可以利用分段处的面有效地进行下一步的"挤出"或"桥

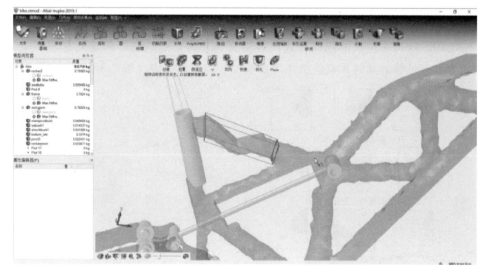

图 7-39　包覆

接"操作。通常在上一步就需要进行规划，一般在杆状结构交接处需要精细地处理。为下一步的操作预留可以操作的面和相应的几何特征。

使用"桥接"在两个 PolyNURBS 面之间建立连接，从而建立起杆的结构（图 7-40）。可以通过"双向"里的"添加循环边"工具对需要桥接的面进行分割和细化，从而控制桥接面的大小。如之前所介绍的，循环边靠近边缘处会形成尖锐的结构，远离边缘过渡则会变得圆滑，可以通过这种方法控制 PolyNURBS 模型的圆滑程度。除此之外，也可以使用"锐化"工具增加边缘的锐化程度。

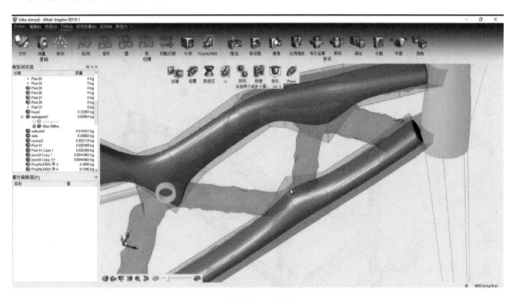

图 7-40　桥接

通过综合灵活地使用"包覆""桥接""添加循环边"这些 PolyNURBS 工具最终完成优化结果的几何重构（图 7-41）。

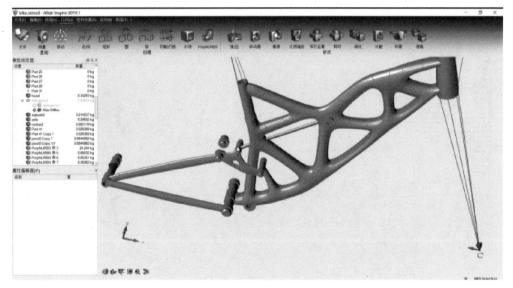

图 7-41　完成几何重构

7.4.2　设计空间和非设计空间交接的几何处理

一般情况下设计空间和非设计空间的交接的几何处理有两种方法，一种保留非设计空间的几何模型，通过布尔运算的方法合并实体，清理安装位置的几何，留出安装面，在交接处使用圆角过渡。另一种可以直接用 PolyNURBS 包裹非设计空间。通过实体建模的方法重建出安装位置的几何。

对于车架模型的重构，可以保留非设计空间，使用"几何"工具栏下的"布尔运算"工具对重构模型和非设计空间进行"合并"操作（图 7-42）。

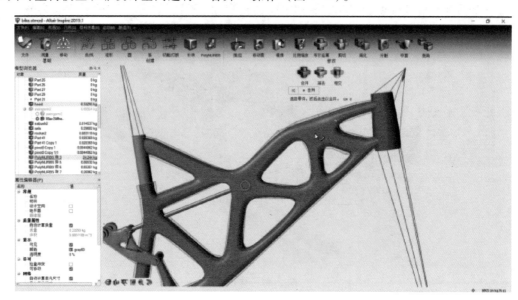

图 7-42　合并

使用"倒圆角"工具建立优化模型和非设计空间间的过渡关系（图 7-43）。

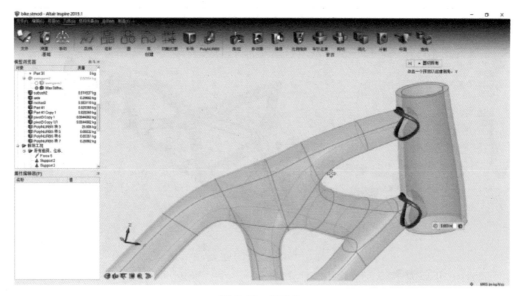

图 7-43　倒圆角

7.4.3　安装位置的几何清理

由于 PolyNURBS 几何重构的关系，会有一部分几何模型在构建的时候穿插到安装孔的位置内（图 7-44），需要通过几何的方式清理安装位置。

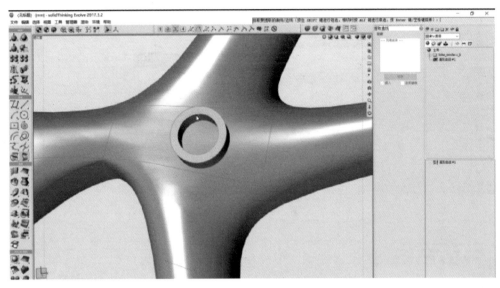

图 7-44　位置穿插

在 Studio 中，使用"曲线"工具栏下的"提取曲线"工具，提取实体模型上特征曲线，通过"修剪"工具把孔内的实体模型清理干净（图 7-45）。

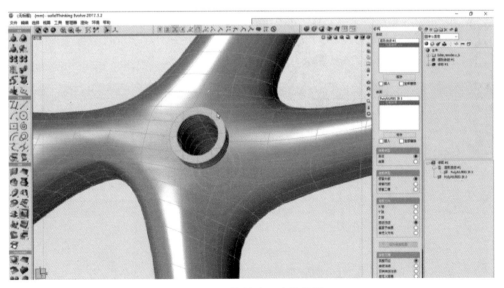

图 7-45　修剪清理实体模型

对于非通孔的安装位置，可以通过调整修剪的起始距离来控制剪切的距离。由于车架是对称的结构，可以清理一边的几何，然后通过"平面对称"工具，镜像到另外一边（图 7-46），最终完成几何的清理和调整（图 7-47）。

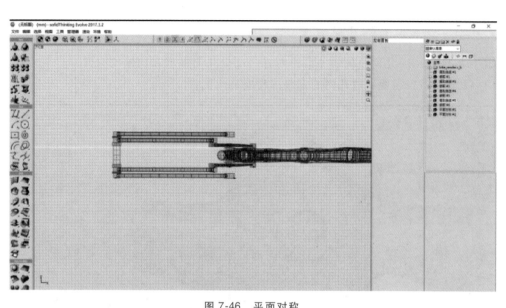

图 7-46　平面对称

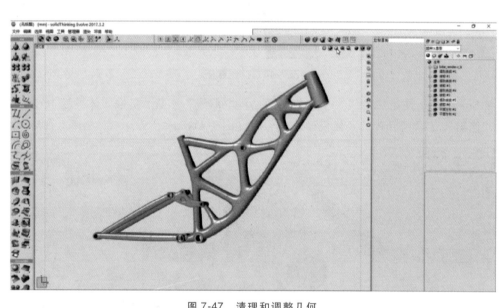

图 7-47　清理和调整几何

新时代的产品设计师——谈谈设计师的责任感

学习完本书内容，相信大家对于 Rhino 和 Solidthinking 都有了一定程度的掌握。在本书的最后，老师们想与大家一起探讨一下新时代产品设计师的责任感。有的同学可能会说，咱们是在讲软件，怎么收尾时来了个责任感呢？其实，这两者并不冲突，在实际的工作中，我们通过软件将二维图样的创意与现实产品进行连接，在提高设计效率的同时进一步完善产品。随着作品不断接近真实世界中的产品，这么设计是否安全、易用？成本会不会增加？结构是否合理？如果你在建模过程中思考过这些问题，那么非常好，你已经具备了基本的产品设计师责任感啦！但是仅仅思考还不够，还需要通过一定的方法和努力去解决问题，设计出更加合理的产品。

编者也在书中留下了一些伏笔，大家是否发现了编者的良苦用心呢？如果回想不起来，也不用太着急，我们一起来回忆一下吧！

书中的伏笔一共有两处，第一处是第 4 章的框架结构建模，使用了圈椅的案例。学过工业设计史的同学们都知道，榫卯连接与固定结构是我国古代人民的伟大发明，在明清的红木家具上得到登峰造极的应用。作为明式家具最经典的案例之一，圈椅当然也不例外。但是书中并没有与大家讨论具体的榫卯结构，而是从大的框架出发，带领大家逐渐完成圈椅建模。目的是培养同学们在设计和建模过程中的全局观和结构意识。一个完整的产品是由多个局部和细节组合而成的。学生学习阶段经常会为了造型而忽略产品的一些基本结构，导致设计方案只能存在于图样中，与实际生产脱节，同时也增加了设计的无效时间。因此希望该案例能让同学们在设计建模过程中加深产品设计过程中对于细节以及结构组合的思考，从而产出优质的产品。

书中的第二个伏笔是力学仿真的应用，由于篇幅有限，也仅使用了一个案例，相信大家学完都有意犹未尽之感。力学仿真的应用对于产品的结构、载荷等具有非常重要的优化作用，学习这个插件，是为了培养大家的动手实践能力和严谨科学的设计能力。

在行业快速发展的今天，只有不断补充新知识、新技能才能应对快速发展的岗位要求。社会的发展同样影响着产品设计，尤其是三维软件技术受到的影响极大，各大造型及工程软件技术飞速发展，已经由传统的单一功能软件转换为更适应互联网时代的软件，比如 Rhino7.0 已经将 GH 等插件和 Rhino 本身融合；Keyshot 渲染软件已经不局限于线下单一主机渲染或者浏览，而是发展成了渲染农场，可在互联网交互式浏览产品效果图；工程软件与造型软件的数据交换更方便，早期不同类型的软件之间数据转换时经常会碰到的问题已极少出现。所以，学完本书后，同学们仍然要不断地学习，不断地突破自己，作为新时代的准设计师，要与时俱进，紧跟社会发展，不断完善自我。

最后，编者们非常期待大家的作品，欢迎大家将自己的作品在群里交流分享。